"十三五"应用型人才培养O2O创新规划教材

Revit Architecture-BIM
应用实战教程

史瑞英　董贵平　主编　　　　　刘 芳　乔晓盼　戴少凯　副主编

张现林　主审

化学工业出版社

·北京·

图书在版编目（CIP）数据

Revit Architecture-BIM 应用实战教程/史瑞英，董贵平主编.
北京：化学工业出版社，2018.4　（2023.2重印）
"十三五"应用型人才培养O2O创新规划教材
ISBN 978-7-122-31688-2

Ⅰ.①R…　Ⅱ.①史…②董…　Ⅲ.①建筑设计-计算机
辅助设计-应用软件-高等学校-教材　Ⅳ.①TU201.4

中国版本图书馆CIP数据核字（2018）第 042977 号

责任编辑：廉　静　　　　　　　　　文字编辑：张绪瑞
责任校对：王素芹　　　　　　　　　装帧设计：王晓宇

出版发行：化学工业出版社(北京市东城区青年湖南街 13 号　邮政编码 100011)
印　　装：三河市延风印装有限公司
787mm×1092mm 1/16　印张 15¼　字数 395 千字　2023 年 2 月北京第 1 版第 6 次印刷

购书咨询：010-64518888　　　　　　　售后服务：010-64518899
网　　址：http://www.cip.com.cn
凡购买本书，如有缺损质量问题，本社销售中心负责调换。

定　　价：39.80 元

编审委员会名单

主　任　张现林　河北工业职业技术学院

副主任　赵士永　河北省建筑科学研究院

　　　　安占法　河北建工集团有限责任公司

　　　　孟文清　河北工程大学

　　　　王全杰　广联达科技股份有限公司

　　　　邵英秀　石家庄职业技术学院

委　员（按姓名汉语拼音排序）

　　　　陈东佐　山东华宇工学院

　　　　丁志宇　河北劳动关系职业学院

　　　　谷洪雁　河北工业职业技术学院

　　　　郭　增　张家口职业技术学院

　　　　李　杰　新疆交通职业技术学院

　　　　刘国华　无锡城市职业技术学院

　　　　刘良军　石家庄铁路职业技术学院

　　　　刘玉清　信阳职业技术学院

　　　　王俊昆　河北工程技术学院

　　　　吴学清　邯郸职业技术学院

　　　　徐秀香　辽宁城市建设职业技术学院

　　　　赵亚辉　河北政法职业学院

教育部在高等职业教育创新发展行动计划（2015-2018 年）中指出"要顺应'互联网+'的发展趋势，应用信息技术改造传统教学，促进泛在、移动、个性化学习方式的形成。针对教学中难以理解的复杂结构、复杂运动等，开发仿真教学软件"。 党的十九大报告中指出，要深化教育改革，加快教育现代化。为落实十九大报告精神，推动创新发展行动计划——工程造价骨干专业建设，河北工业职业技术学院联合河北工程技术学院、河北劳动关系职业学院、张家口职业技术学院、新疆交通职业技术学院等院校与化学工业出版社，利用云平台、二维码及 BIM 技术，开发了本系列 O2O 创新教材。

该系列书的编者多年从事工程管理类专业的教学研究和实践工作，重视培养学生的实际技能。他们在总结现有文献的基础上，坚持"理论够用，应用为主"的原则，为工程管理类专业人员提供了清晰的思路和方法，书中二维码嵌入了海量的学习资源，融入了教育信息化和建筑信息化技术，包含了最新的建筑业规范、规程、图集、标准等参考文件，丰富的施工现场图片，虚拟三维建筑模型，知识讲解、软件操作、施工现场施工工艺操作等视频音频文件，以大量的实际案例举一反三、触类旁通，并且数字资源会随着国家政策调整和新规范的出台实时进行调整与更新。不仅为初学人员的业务实践提供了参考依据，也为工程管理人员学习建筑业新技术提供了良好的平台，因此，本系列书可作为应用技术型院校工程管理类及相关专业的教材和指导用书，也可作为工程技术人员的参考资料。

"十三五" 时期，我国经济发展进入新常态，增速放缓，结构优化升级，驱动力由投资驱动转向创新驱动。我国建筑业大范围运用新技术、新工艺、新方法、新模式，建设工程管理也逐步从粗犷型管理转变为精细化管理，进一步推动了我国工程管理理论研究和实践应用的创新与跨越式发展。这一切都向建筑工程管理人员提出了更为艰巨的挑战，从而使得工程管理模式"百花齐放、百家争鸣"，这就需要我们工程管理专业人员更好地去探索和研究。衷心希望各位专家和同行在阅读此系列丛书时提出宝贵的意见和建议，共同把建筑行业的工作推向新的高度，为实现建筑业产业转型升级做出更大的贡献。

河北省建设人才与教育协会副会长

2017 年 10 月

Autodesk Revit 系列软件是 Autodesk 公司在建筑设计行业推出的三维设计解决方案，它带给建筑师的不仅是一款全新的设计、绘图工具，还是一次建筑行业信息技术的革命。作为一款三维参数化建筑设计软件，Revit Architecture 强大的可视化功能，以及所有视图与视图、视图与构件、构件与明细表、构件与构件之间相互关联，从而使建筑师更好地推敲空间和发现设计的不足，且可以在任何时候、任何地方对设计做任意修改，真正实现了"一处修改、处处更新"，极大地提高了设计质量和设计效率。本书特别强调实际操作能力的训练，大部分命令都是结合项目进行讲解，在项目中完成对命令的操作的练习。内容按照循序渐进，由易到难的顺序安排，可以帮助读者快速掌握 Autodesk Revit 的应用技巧。

本书在编写过程中注意了以下几点。

（1）本书易学易懂，语言通俗，图文并茂。对于初学者，无需其他软件基础，可以直接的学习。

（2）本书突出实用性，通过学习本书所举实例，以及相关章节的上机练习与指导，读者可掌握运用 AutoCAD 绘制建筑图样的基本方法。

（3）注重继承与创新相结合。既有经典理论和实用图例，又结合编者多年的教学经验，尽快培养读者的专业适应能力。

全书共分 4 部分，分别是项目构建的前期知识，建筑设计，室内装修，景观与族、概念体量的设计，共计 19 章，三个项目、三个实例贯穿整部教材，从建筑的准备阶段、标高、轴网、柱与梁、墙体、楼板、门窗、楼梯、扶手、屋顶、洞口、室内空间、室外场地、构件等建筑组成部分对 Revit 的命令进行了详细分析与详解，并指出操作命令在项目应用中应注意的问题与应用技巧。本书可作为建筑院校相关课程的教材和教学参考用书，也可作为培训教材，以及初学制图者和工程技术人员的参考书。本书所配套的案例以及所需素材，请登录 www.cipedu.com.cn 网站下载。

本书由河北工业职业技术学院史瑞英副教授为第一主编，编写第 1、3～5 章；杭州科技职业技术学院董贵平老师为第二主编，编写第 2、6、11 章；乔晓盼工程师编写第 7、8 章；刘芳老师编写第 9、10 章；戴少凯工程师编写第 12、13 章；李宾工程师编写第 14～16 章；王亮亮与高志波编写第 17、18 章；蔡敏工程师编写第 19 章。河北工业职业技术学院张现林教授主审，他对书稿的内容及文字进行了认真审阅，并提出了许多宝贵的修改意见。

由于编者学识有限，不足之处在所难免，敬请广大读者给予指正。

编者

2018 年 1 月

目录
CONTENTS

第 ④ 部分　景观与族、概念体量的设计

第 1 部分
项目构建的前期知识

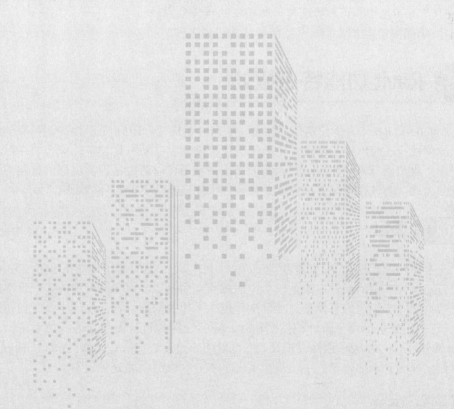

第1章 Revit 的基本知识

学习目标

① 了解 Revit 软件的基本组成部分以及它们之间的联系。
② 熟悉 Revit 的用户界面与一些基本的操作命令。
③ 掌握建筑信息模型前期绘图环境的设置工作。

1.1 Revit 功能特点概述

Autodesk Revit 专为建筑信息模型（BIM）而构建。BIM 是以协调、可靠的信息为基础的集成流程，涵盖项目的设计、施工和运营阶段。通过采用 BIM，建筑公司可以在整个流程中使用一致的信息来设计和绘制创新项目，并且还可以通过精确实现建筑外观的可视化支持更好的沟通，通过模拟真实性能让项目各方了解成本、工期与环境影响。

1.1.1 项目

在 Revit 中创建一个文件是新建一个"项目"文件，这有别于传统 AutoCAD 中的文件"新建"，AutoCAD 中的新建指的是一个平面图或立面图等，而 Revit 中的"项目"是单个设计信息数据库——建筑信息模型。项目文件包含了建筑的所有设计信息（从几何图形到构造数据）。这些信息包括用于设计模型的构件、项目视图和设计图纸。通过使用单个项目文件，Revit 令您不仅可以轻松地修改设计，还可以使修改反映在所有关联区域（平面视图、立面视图、剖面视图、明细表等）中，从而实现了"一处修改，处处更新"。

1.1.2 图元

在项目中，Revit 使用 3 种类型的图元：模型图元、基准图元、视图专有图元，其关系及包含的子类的内容如图 1-1 所示。

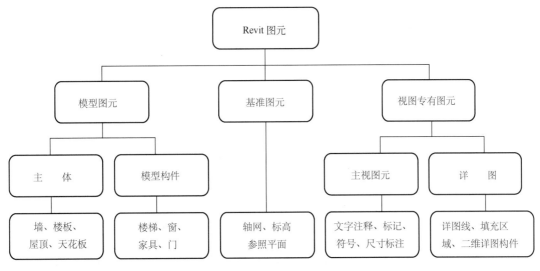

图 1-1　Revit 图元

1.1.3　族的概念

族是某一类别中图元的类。族根据参数（属性）集的共用、使用上的相同和图形表示的相似来对图元进行分组。一个族中不同图元的部分或全部属性可能有不同的值，但是属性的设置（其名称与含义）是相同的。Revit 使用以下类型的族。

① 可载入的族：可以载入到项目中，并根据族样板创建。可以确定族的属性设置和族的图形化表示方法。

② 系统族：不能作为单个文件载入或创建。

Revit 预定义了系统族的属性设置及图形表示。

可以在项目内使用预定义类型生成属于此族的新类型。例如，标高的行为在系统中已经预定义。但可以使用不同的组合来创建其他类型的标高。系统族可以在项目之间传递。

③ 内建族：用于定义在项目的上下文中创建的自定义图元。如果项目需要不希望重用的独特几何图形，或者项目需要的几何图形必须与其他项目几何图形保持众多关系之一，请创建内建图元。

由于内建图元在项目中的使用受到限制，因此每个内建族都只包含一种类型。可以在项目中创建多个内建族，并且可以将同一内建图元的多个副本放置在项目中。与系统和标准构件族不同，不能通过复制内建族类型来创建多种类型。

1.2　Revit 系统设置

在正式开始使用 Revit 进行项目绘制之前，应首先对 Revit 软件系统做一次基本的设置。

鼠标左键双击桌面上的"Revit 2016"软件快捷启动图标，将显示"最近使用文件"的主界面，如图 1-2 所示。

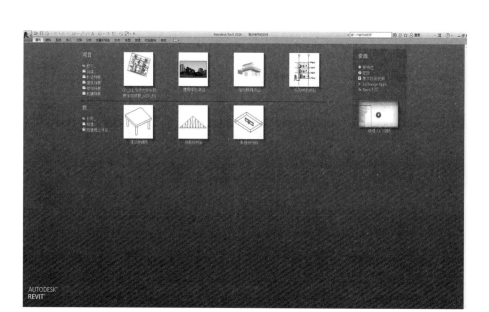

图 1-2　Revit 2016 启动"最近使用文件"主界面

在此界面中，所有的制图功能命令都不能激活，只有左上角 图标的"应用程序菜单"（如图 1-3 所示）与主界面中的"项目""族"与"资源"下面的命令可以使用。

在"应用程序菜单"右下角有一个"选项"按钮，打开"选项"对话框，如图 1-4 所示。

图 1-3　应用程序菜单

图 1-4　"选项"对话框

（1）"常规"选项卡设置说明

① 通知

保存提醒间隔：设置文件保存提醒的间隔时间。

"与中心文件同步"提醒间隔：在工作集协同设计模式下，本地的设计文件与项目中心文件同步的提醒间隔时间。

② 用户名　用户名是 Revit 将其与某一特定任务关联的标识符，该功能在多用户"工作集"协同设计时非常有用，通过此处，设计师可以设置自己的用户名称。

③ 日志文件清理　日志文件是记录 Revit 任务中每个步骤的文本文档。这些文件主要用于软件支持进程。要检测问题或重新创建丢失的步骤或文件时，可运行日志。在每个任务终止时，会保存这些日志。此处可设置自动删除日志文件的条件：如果日志数量超过设定的数量，则删除存在时间超过以下天数的日志。

④ 工作共享的更新频率　软件更新工作共享显示模式的频率时间的设定。

⑤ 视图选项　对于不存在默认视图样板，或存在视图样板但未指定视图规程的视图，指定其默认规程。对当前选择的修改也将改变 Revit.ini 文件中的使用情况参数。

（2）用户界面

单击"用户选项卡"的"自定义"按钮，将弹出"快捷键"对话框的设置，如图 1-5 所示。对话框中默认显示"全部"功能命令，可从"过滤器"中选择"应用程序菜单"等过滤器显示部分功能命令。在"快捷键"对话框中，使用下列两种方法中的一种或两种找到所需的 Revit 工具或命令。

在搜索字段中，输入命令的名称。键入时，"指定"列表将显示与单词的任何部分相匹配的命令。例如，all 与 Wall、Tag All 和 Callout 都匹配。该搜索不区分大小写。

对于"过滤器"，选择显示命令的用户界面区域，或选择下列值之一。

全部：列出所有命令。

全部已定义：列出已经定义了快捷键的命令。

全部未定义：列出当前没有定义快捷键的命令。

全部保留：列出为特定命令保留的快捷键。这些快捷键在列表中以灰色显示。无法将这些快捷键指定给其他命令。

如果指定搜索文字和过滤器，"指定"列表将显示与这两个条件都匹配的命令。如果没有列出任何命令，可选择"全部"作为"过滤器"。

"指定"列表的"路径"列指示可以在功能区或用户界面中找到命令的位置。要按照路径或其他列对列表进行排序，可单击列标题。

① 添加快捷键（图 1-5）。

图 1-5　用户界面与自定义快捷键

② 将快捷键添加到命令。

从"指定"列表中选择所需的命令。

光标移到"按新键"字段。

注意如果"按新键"字段灰显，则无法为选定命令定义快捷键。该命令是带有保留快捷键的保留命令。但是，每个保留命令都有可以为其指定快捷键的相应命令。在搜索字段中，输入命令名称以找到相应的命令。

按所需的键序列。

按键时，序列将显示在字段中。如果需要，可以删除字段的内容，然后再次按所需的键。请参见快捷键的规则。

所需的键序列显示在字段中后，单击"指定"。

③ 导入快捷键。在"快捷键"对话框中，单击"导入"或"导出"，定位到所需的快捷键文件，选择该文件，然后单击"打开"即可。

④ 导出快捷键。在"快捷键"对话框中，单击"导出"，定位到所需文件夹，指定文件名，然后单击"保存"。

⑤ 删除快捷键。在"命令"列中，选择所需的命令，在"快捷键"列中，选择要删除的快捷键，如果要删除多个快捷键，按住 Ctrl 键时选择各个快捷键，单击"删除"。

（3）图形

如图 1-6 所示"图形"设置，对其中选项说明如下。

① 图形模式　此项需要在硬件设备支持情况下才可以使用。勾选"使用硬件加速（Direct 3D®）"，提供了以下性能改进，刷新时可以更快地显示大模型与在视图窗口之间更快地切换。

使用反失真：可以提高所有视图中的线条质量，使边显示得更平滑。默认情况下此选项为关闭。

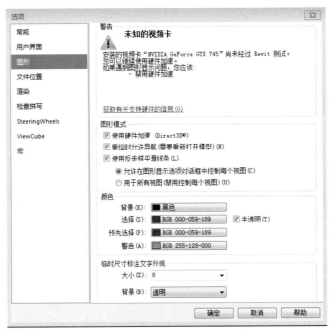

图 1-6　"图形"设置

在使用反失真时为体验最佳性能，应启用硬件加速。如果使用的是 Windows XP 系统，必须启用硬件加速才能使用反失真。如果使用的是 Windows 7 系统并禁用硬件加速，但启用了反失真，则在缩放、平移和操纵视图时可能会注意到性能降低。

② 颜色

背景：更改绘图区域中背景和图元的显示，可自定义颜色。

选择：选择图元时颜色显示，可自定义颜色。

预先选择：预先选择图元时颜色显示，可自定义颜色。

警告：出现错误警告是颜色显示，可自定义颜色。

（4）文件位置

如图 1-7 所示，"文件位置"设置，对其中选项说明如下。

在 Revit 2016 合成版本中，自带四种样板文件，分别为构造样板、建筑样板、结构样板、机械样板，默认的路径分别是 C:\ProgramData\Autodesk\RVT 2016\Templates\China\，在设计相关专业时，选择不同的样板文件。在这里要说明的一点是：此样板的标高符号、剖面标头、门窗标记等符号不符合中国国标出图的要求。因此要求设置符合中国设计要求的样本文件，然后开始项目设计。

本书的光盘中根目录下有"中国样板文件"可以复制到自己的电脑上，然后单击图 1-7 中"+"按钮，把样板文件增加到系统中，单击"确定"按钮，系统自动保存该文件的保存路径。以后新建项目时，可选择该样本文件。

图 1-7   "文件位置"设置

（5）其他对话框及其内容的设置

其他"渲染"、"SteeringWheels"、"ViewCube"、"宏"的设置对象对设计影响不大，都采用系统默认设置就可以了。

1.3 新建与保存项目

在设置好"选项"对话框以后，即可开始项目的绘制，首先新建项目。

1.3.1 新建项目

图 1-8 新建项目对话框

新建项目有三种方式：

① 使用图 1-3 应用程序菜单的"新建"下的"项目"打开 Revit 2016 已设置好的样本文件"中国样本文件.rte"为项目样本，新建一个项目文件。如图 1-8 所示新建项目对话框。

② 使用图 1-3 应用程序菜单的"打开"下的"项目"，也可打开 Revit 2016 已设置好的样本文件"中国样本文件.rte"为项目样本，新建一个项目文件。

③ 使用主界面中的"打开"或"新建"同样也能够完成此项操作。

1.3.2 保存项目

打开样本文件后，首先另存一下项目文件，以免破坏样本文件，点击图 1-3 应用程序菜单的"另存为"下的"项目"，此时，样本文件从扩展名为"rte"变为扩展名"rvt"的项目文件。如图 1-9 所示为项目另存为对话框。

图 1-9 项目另存为对话框

用鼠标左键单击"选项"按钮，如图 1-10 所示为文件保存选项对话框。

最大备份数：指定最多备份文件的数量。默认情况下，非工作共享项目有 3 个备份，工作共享项目最多有 20 个备份。设计者可以根据情况输入数目。

其他设置按默认就可以。

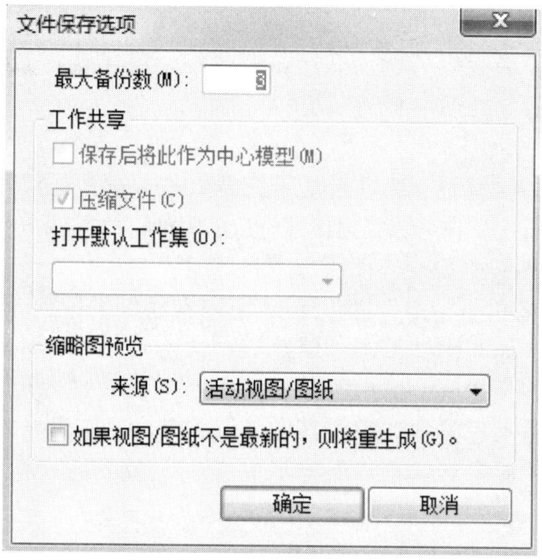

图 1-10　"文件保存选项"对话框

1.4　工作界面与项目的基本设置

1.4.1　工作界面

新建样板文件后，打开的 Revit 2016 的工作界面如图 1-11 所示，其工作界面包含以下几个部分。

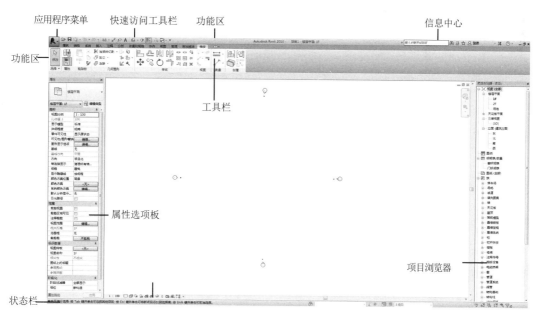

图 1-11　工作界面

（1）属性选项板

属性选项板是一个无模式对话框，通过该对话框，可以查看和修改用来定义 Revit 中图元属性的参数，其组成部分如图 1-12 所示。

"属性选项板"的特点如下。

第一次启动 Revit 时，"属性"选项板处于打开状态并固定在绘图区域左侧项目浏览器的上方。如果以后关闭"属性"选项板，则可以使用下列任一方法重新打开它。

单击"修改"选项卡 ➤ "属性"面板 ➤ ▣（属性）。

单击"视图"选项卡 ➤ "窗口"面板 ➤ "用户界面"下拉列表 ➤ "属性"。

在绘图区域中单击鼠标右键并单击"属性"。

可以将该选项板固定到 Revit 窗口的任一侧，并在水平方向上调整其大小。在取消对选项板的固定之后，可以在水平方向和垂直方向上调整其大小。同一个用户从一个任务切换到下一个任务时，选项板的显示和位置将保持不变。

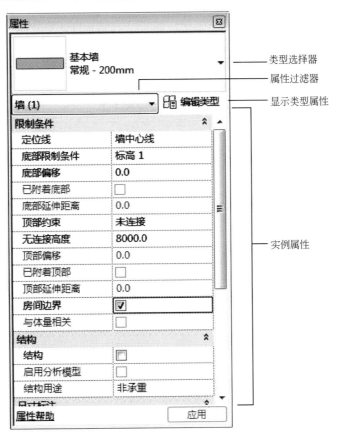

图 1-12　属性选项

（2）项目浏览器

项目浏览器用于显示当前项目中所有视图、明细表、图纸、族、组、链接的 Revit 模型和其他部分的逻辑层次。展开和折叠各分支时，将显示下一层项目，其组成部分如图 1-13 所示。

（3）应用程序菜单

单击 📄 打开应用程序菜单，下拉菜单中提供了"新建"、"打开"、"保存"、"另存为"、

"导出"、"发布"、"打印"、"授权"、"关闭"等各种常用的文件操作和设置"选项"、"退出 Revit"命令等。

①　最近使用的文档　在应用程序菜单上，单击"最近使用的文档"按钮，可以看到最近所打开文件的列表。使用该下拉列表可以修改最近使用的文档的排序顺序。使用图钉可以使文档始终留在该列表中，而无论打开文档的时间距现在多久。

②　打开的文档　在应用程序菜单上，单击"打开的文档"按钮，可以看到在打开的文件中所有已打开视图的列表。从列表中选择一个视图，以在绘图区域中显示。

其他的在前面已有所设计，在此就不多讲了。

（4）快速访问工具栏

快速访问工具栏包含一组默认工具，如图 1-14 所示。可以对该工具栏进行自定义，使其显示最常用的工具。

①　移动快速访问工具栏　快速访问工具栏可以显示在功能区的上方或下方。要修改设置，可在快速访问工具栏上单击"自定义快速访问工具栏"下拉列表 ➤ "在功能区下方显示"，如图 1-15 所示。

图 1-13　项目浏览器

图 1-14　快速访问工具

图 1-15　自定义快速访问工具栏

② 将工具添加到快速访问工具栏中　在功能区内浏览以显示要添加的工具。在该工具上单击鼠标右键，然后单击"添加到快速访问工具栏"。如图 1-16 所示。

图 1-16　添加到快速访问工具栏

注意：上下文选项卡上的某些工具无法添加到快速访问工具栏中。

如果从快速访问工具栏删除了默认工具，可以单击"自定义快速访问工具栏"下拉列表并选择要添加的工具，来重新添加这些工具。

③ 自定义快速访问工具栏　要快速修改快速访问工具栏，可在快速访问工具栏的某个工具上单击鼠标右键，然后选择下列选项之一。

从快速访问工具栏中删除：删除工具。

添加分隔符：在工具的右侧添加分隔符线。

要进行更广泛的修改，可在快速访问工具栏下拉列表中，单击"自定义快速访问工具栏"。在该对话框中，执行表 1-1 所列的操作。

表 1-1　自定义快速访问工具栏

目　　标	操　　作
在工具栏上向上（左侧）或向下（右侧）移动工具	在列表中，选择该工具，然后单击 ⇧（上移）或 ⇩（下移）将该工具移动到所需位置
添加分隔线	选择要显示在分隔线上方（左侧）的工具，然后单击 ▢▎（添加分隔符）
从工具栏中删除工具或分隔线	选择该工具或分隔线，然后单击 ✖（删除）

（5）信息中心

"信息中心"是一种用在多个 Autodesk 产品中的功能。它由标题栏右侧的一组工具组成，使用它可以访问许多与产品相关的信息源，如图 1-17 所示。根据 Autodesk 产品和配置的不同，这些工具也可能不同。例如，在某些产品中，"信息中心"工具栏还可能包含用于 Autodesk 360 服务的"登录"按钮或指向 Autodesk Exchange 的链接。其功能如下。

图 1-17　信息中心工具栏

① "搜索" 使用"搜索"框和按钮可以在联机帮助中快速查找信息。支持表 1-2 所示的通配符：

表 1-2　通配符

通　配　符	含　　义
*	表示任意数量的字符
?	表示单个字符

② "速博应用中心" 🔑　Subscription 服务仅供 Autodesk subscription 成员使用。这些服务包括访问以下对象：Autodesk 软件的最新版本、不断增加的产品增强功能、Autodesk 技术专家提供的个性化网上支持。单击链接"Subscription Center"按钮，以查看可用选项的下拉

菜单，用户可自行下载相关软件的工具插件、可管理自己的软件授权信息等。

③"通信中心" ⊠ "通信中心"提供以下类型的通告：Autodesk 频道，接收支持信息、产品更新和其他通告（包括文章和提示）；RSS 提要，接收来自用户向其订阅的 RSS 提要的信息。RSS 提要一般会在发布新内容时通知用户。当安装软件时，可能会自动订阅若干默认 RSS 提要。

④"收藏夹" ☆ 使用"收藏夹"工具可以快速访问从 Subscription Center 和"通信中心"保存的重要链接。要添加到"收藏夹"，可打开 Subscription Center 或"通信中心"，然后单击要添加的链接旁边的"收藏夹"按钮☆。

⑤"登录" △ 登录 使用此选项可以访问与 Subscription Center 相同的服务，但增加了 Autodesk 360 的可移动性和协作优势。

⑥"Autodesk Exchange" Ⅺ 使用此选项可以访问 Autodesk Exchange 应用程序页面，可以在其中查找各种可与 Autodesk 应用程序一起使用的应用程序。

⑦"帮助" ⑦ 点击打开帮助文件，单击后面的下拉三角箭头，可找到更多教程、新功能专题研习、族手册等更多的帮助资源。

（6）功能区

创建或打开文件时，功能区会显示，如图 1-18 所示。它提供创建项目或族所需的全部工具。调整窗口的大小时，功能区中的工具会根据可用的空间自动调整大小。该功能使所有按钮在大多数屏幕尺寸下都可见。

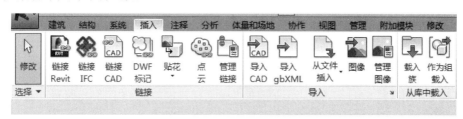

图 1-18　功能区工具栏

① 功能区主选项卡 默认的工具有"建筑"、"结构"、"插入"、"注释"、"分析"、"体量和场地"、"协作"、"视图"、"管理"、"修改"10 个主选项卡。

② 功能区子选项卡 当选择某图元或激活某命令时，在"功能区"主选项卡后会增加子选项卡，其中列出了和该图元或改命令相关的所有子命令工具，而不需要在下拉菜单中逐级查找子命令。如图 1-19 所示，"注释"下的"尺寸标注"子选项卡。

③ 对话框启动器 通过某些面板，可以打开用来定义相关设置的对话框。面板底部的对话框启动器箭头 将打开一个对话框，如图 1-20 所示。

图 1-19　修改/尺寸标注子选项卡　　　　图 1-20　利用对话框启动器打开对话框

④ 自定义"功能区" 在功能区上移动选项卡，按住 Ctrl 键将选项卡标签拖动到功能区上的所需位置（见表 1-3）。

表1-3 自定义"功能区"

目 标	操 作
在功能区上移动面板	将面板标签拖曳到功能区上的所需位置
将面板移出功能区	将面板标签拖曳到绘图区域或桌面上
将多个浮动面板固定在一起	将一个面板拖曳到另一个面板上
将多个固定面板作为一个组来移动	将光标移到面板上以在左侧显示一个夹子。将该夹子拖曳到所需位置 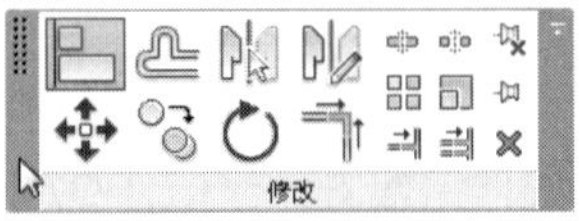
使浮动面板返回到功能区	将光标移到面板上，待右上角显示控制柄时，单击"将面板返回到功能区"
指定首选的功能区最小化方式	单击功能区选项卡右侧的向右箭头并选择所需的行为："最小化为选项卡"、"最小化为面板标题"、"最小化为面板按钮"或"循环浏览所有项" 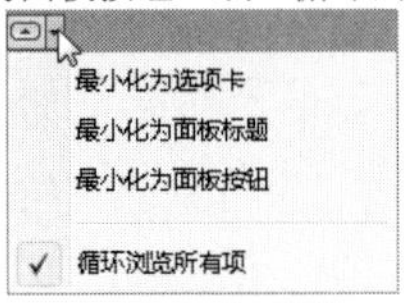
显示整个功能区，或者将功能区最小化为仅显示选项卡、面板标题或面板按钮	单击功能区选项卡右侧的向左箭头来修改功能区的显示。它将在显示整个功能区与首选功能区最小化方法之间切换，或者循环切换所有显示选项 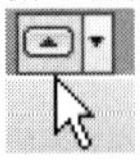
隐藏面板标题	在功能区的空白（灰色）区域中单击鼠标右键，然后选择"显示面板标题"

（7）视图控制栏

视图控制栏位于视图窗口底部，状态栏的上方。通过它，可以快速访问影响当前视图的功能，其中包括下列功能：比例、详细程度、视觉样式、打开/关闭日光路径、打开/关闭阴影、显示/隐藏渲染对话框（仅当绘图区域显示三维视图时才可用）、裁剪视图、显示/隐藏裁剪区域、解锁/锁定的三维视图、临时隐藏/隔离、显示隐藏的图元，如图1-21所示。

图 1-21 视图控制栏

（8）状态栏

状态栏沿应用程序窗口底部显示。使用某一工具时，状态栏左侧会提供一些技巧或提示，告诉操作者做些什么。高亮显示图元或构件时，状态栏会显示族和类型的名称。

（9）按键提示

按键提示提供了一种通过键盘来访问应用程序菜单、快速访问工具栏和功能区的方式。要显示按键提示，可按 Alt 键，如图1-22所示。

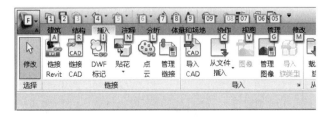

图 1-22 按键提示

可以使用按键提示在功能区中导航。键入某个功能区选项卡的按键提示可以使该选项卡成为焦点，并显示其按钮和控件的按键提示。在上面的示例中，键入 N 以显示"注释"选项卡。

如果功能区选项卡带有包含附加工具的扩展面板，则在键入其按键提示后，将显示该面板以及那些工具的按键提示。

若要隐藏按键提示，按 Esc 键。

1.4.2　项目基本设置

熟悉了工作界面以后，为了能够顺利地完成对项目的绘制，首先要先进行项目的设置。项目设置的命令在功能区的"管理"选项卡"设置"和"项目位置"面板中，如图 1-23 所示。

图 1-23　项目设置

（1）项目信息

单击"管理"选项卡 "设置"面板"项目信息"，如图 1-24 所示。在"实例属性"对话框中，指定下列内容：能量设置，指定用于定义导出到 gbXML 文件的值的参数，项目发布日期、项目状态、客户名称、项目地址（单击"编辑"，在文本框中输入地址，然后单击"确定"）、项目名称、项目编号。单击"确定"，如图 1-25 所示。项目信息包含在明细表中，该明细表包含链接模型中的图元信息。还可以用在图纸上的标题栏中。相关主题在明细表中包含链接模型中的图元为图纸指定标题栏信息。

图 1-24　项目信息

图 1-25　能量设置

（2）项目单位

单击"管理"选项卡"设置"面板下的"项目单位"，如图 1-26 所示，在"项目单位"对话框中，选择规程。单击"格式"列中的值以修改该单位类型的显示值，此时显示"格式"对话框如图 1-27 所示。如有必要，可指定"单位"，选择一个合适的值作为"舍入"。如果选择了"自定义"，可在"舍入增量"文本框中输入一个值。从列表中选择合适的选项作为"单位"符号。可以选择：消除后续零，如选择此选项时，将不显示后续零（例如，123.400 将显示为 123.4）。项目单位在"样本文件"中已经设置好，在开始绘制项目之前，也可以根据实际要求随时设置。

图 1-26　项目单位

图 1-27　格式

（3）项目位置

单击"管理"选项卡 "项目位置"面板下"地点"工具，如图 1-28 所示。在"位置、气候和场地"对话框中，单击"场地"选项卡，如图 1-29 所示，"位置、气候和场地"对话框将列出项目中当前的命名位置，默认情况下，每个项目都有一个名为"内部"的命名位置，要创建新的命名位置，可单击"复制"，输入位置的名称，并单击"确定"。要重命名现有位置，可单击"重命名"。要删除现有位置，可单击"删除"。注意不能删除最后一个位置。要修改项目的活动位置，可选择相应的位置并单击"设为当前"，单击"确定"。

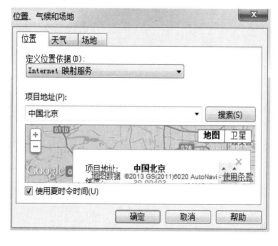

图 1-28　项目地理位置

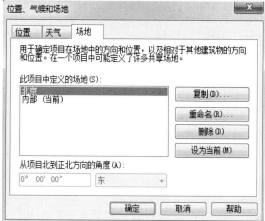

图 1-29　场地

（4）捕捉设置

为方便绘图的精确定位，可以在项目进行前或随时根据自己的操作需要做设置对象捕捉功能。

单击"管理"选项卡"设置"面板下的"捕捉"命令，如图 1-30 所示。执行下列操作之一：选择"关闭捕捉"以禁用项目中的所有捕捉。选择或清除对应的对象捕捉，有关对象捕捉说明，可参见对象捕捉和捕捉对象快捷键组合，单击"确定"。在选择了要放置到绘图区域中的图元或构件后，还可以通过在其上单击鼠标右键，选择"捕捉替换"、"关闭捕捉"来启用和禁用捕捉。

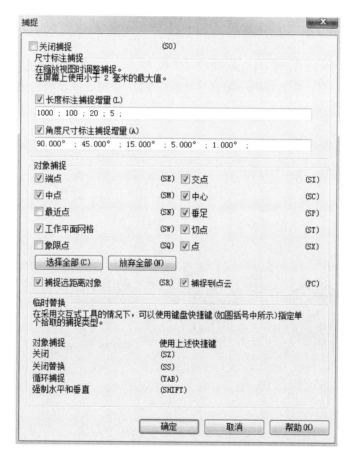

图 1-30　捕捉设置

（5）其他设置

除此之外，还有"材质"、"对象样式"、"线样式"等设置，这些在"中国样本"文件中，根据项目的要求已经设置好，本节不再详述。

1.5　视图浏览与控制基本操作

在绘制三维视图时，对视图的控制、各个视图之间的切换以及选择和过滤图元等，对顺利完成模型绘制是非常重要的。

1.5.1 视图导航

（1）ViewCube 导航

ViewCube 工具是一种可单击、可拖动的常驻界面，用户可以用它在模型的标准视图和等轴测视图之间进行切换。ViewCube 工具显示后，将在窗口一角以不活动状态显示在模型上方。ViewCube 工具在视图发生更改时可提供有关模型当前视点的直观反映。将光标放置在 ViewCube 工具上后，ViewCube 将变为活动状态。可以拖动或单击 ViewCube，来切换到可用预设视图之一、滚动当前视图或更改为模型的主视图，如图 1-31 所示。

① 控制 ViewCube 的外观　ViewCube 工具以不活动状态或活动状态显示。当 ViewCube 工具处于不活动状态时，默认情况下它显示为半透明状态，这样便不会遮挡模型的视图。当 ViewCube 工具处于活动状态时，它显示为不透明状态，并且可能会遮挡模型当前视图中对象的视图。

除控制 ViewCube 工具在不活动时的不透明度级别，还可以控制 ViewCube 工具的以下特性：大小、位置、默认方向、指南针显示。

② 使用指南针　指南针显示在 ViewCube 工具的下方并指示为模型定义的北向。可以单击指南针上的基本方向字母以旋转模型，也可以单击并拖动其中一个基本方向字母或指南针圆环以绕轴心点以交互方式旋转模型，如图 1-32 所示。

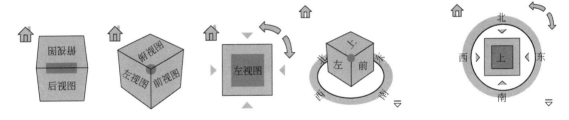

图 1-31　ViewCube　　　　　　　　　图 1-32　使用指南针

③ 控制 ViewCube 工具的大小

a. 在 ViewCube 工具上单击鼠标右键，然后单击"选项"。

b. 在"选项"对话框中的"ViewCube 外观"下，从"ViewCube 大小"下拉列表中选择一个大小。

c. 单击"确定"。

④ 控制 ViewCube 工具不活动时的不透明度

a. 在 ViewCube 工具上单击鼠标右键，然后单击"选项"。

b. 在"选项"对话框中的"ViewCube 外观"下，从"不活动时的不透明度"下拉列表中选择一个选项。

c. 单击"确定"。

⑤ 在 ViewCube 工具下显示指南针

a. 在 ViewCube 工具上单击鼠标右键，然后单击"选项"。

b. 在"选项"对话框的"指南针"下，选择"同时显示指南针和 ViewCube（仅当前项目）"。

c．指南针显示在 ViewCube 工具下并指示模型的"北"方向。

d．单击"确定"。

注意：显示其中一个全导航控制盘时，按住鼠标中键可进行平移，滚动鼠标滚轮可进行放大和缩小，同时按住 Shift 键和鼠标中键可对模型进行动态观察。

（2）导航栏

导航工具分布在导航栏的不同区域中，用于访问基于当前活动视图（二维或三维）的工具，如图 1-33 所示。通过单击导航栏上的某个按钮或从导航栏底部的下拉列表中选择一个工具，可以启动导航工具。

要激活或取消激活导航栏，可单击"视图"选项卡 ➤ "窗口"面板 ➤ "用户界面"下拉列表，然后选中或清除"导航栏"。

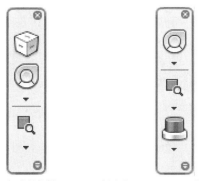

(a)标准导航栏　　(b)启用了 3Dconnexion 三维鼠标的导航栏

图 1-33　导航栏

导航栏中提供下列导航工具。

① ViewCube。指示模型的当前方向，并用于重定向模型的当前视图。

② SteeringWheels。控制盘的集合，通过这些控制盘，可以在专门的导航工具之间快速切换。

③ 平移活动视图。让用户可以通过拖曳光标平移视图来重新定位图纸上的活动视图。此选项仅适用于从图纸视图上已激活的视图进行操作。

④ 缩放。用于增大或减小模型的当前视图比例的导航工具集。

⑤ 三维鼠标。使用 3Dconnexion 三维鼠标重定向和导航模型视图。此选项仅适用于安装了 3Dconnexion 三维鼠标的情况。

（3）SteeringWheels

SteeringWheels 将多个常用导航工具结合到一个界面中，从而为用户节省了时间。SteeringWheels 是特定于任务的，允许在不同的视图中导航和定向模型。如图 1-34 所示。

（4）3Dconnexion 三维鼠标

使用 3Dconnexion 三维鼠标重定向和导航模型视图，该设备配备有可适应所有方向的压力敏感型控制器管帽。推、拉、扭曲或倾斜管帽可以平移、缩放和旋转当前视图，如图 1-35 所示。

二维控制盘

全导航控制盘　　　　　查看对象控制盘（基本控制盘）　　　巡视建筑控制盘（基本控制盘）

查看对象控制盘（小）　　　巡视建筑控制盘（小）　　　　全导航控制盘（小）

平移　　　　　　　　　　　向上/向下　　　　　　　　　　平移

图 1-34　SteeringWheels（一）

图 1-35　SteeringWheels（二）

1.5.2　图元可见性控制

在项目绘制的过程中，为了方便操作或是打印出图的需要，经常要隐藏或显示某些元素，在 Revit 中控制图元显示或隐藏的方法有以下三种。

（1）可见性/图形

打开视图。单击"视图"选项卡"图形"面板中的"可见性/图形"工具（快捷键为 VG），如图 1-36 所示。通过勾选或取消勾选构件及其子类别的名称，可以一次性地控制某一类或某几类图元在当前视图的显示与隐藏。

① 模型类别：通过构件前方框内是否打钩控制墙、家具、天花板等模型构件的可见性，还可通过调整线的样式、与模型构件的填充图案来调整其构件投影/表面、与截面的样式，以及是否半色调显示构件与详图显示程度的参数。

② 注释类别：通过构件前方框内是否打钩控制尺寸标注、门窗标记、参照平面等注释构件的可见性，还可通过调整线的样式来调整其构件投影/表面形式，以及是否半色调显示构件。

③ 导入类别：控制导入的 DWG 文件的可见性。

④ 过滤器：通过设置构件的类别及过滤条件来控制图元的是否可见性。

图 1-36　"可见性/图形"对话框

（2）临时隐藏/隔离

此命令在工作界面的下面的视图控制栏中。

① 在绘图区域中，选择一个或多个图元。

② 在视图控制栏上，单击 （临时隐藏/隔离），然后选择下列选项之一。

隔离类别：如果选择了一些墙和门，则只有墙和门在视图中保持可见。

隐藏类别：隐藏视图中的所有选定类别。如果选择了某些墙和门，则所有墙和门都会在视图中隐藏。

隔离图元：仅隔离选定图元。

隐藏图元：仅隐藏选定图元。临时隐藏图元或图元类别时，将显示带有边框的"临时隐藏/隔离"图标（ ）。

③ 要不保存修改就退出临时隐藏/隔离模式,可执行下列步骤:在视图控制栏上,单击 ,然后单击"重设临时隐藏/隔离"。所有临时隐藏的图元恢复到视图中。

④ 要退出临时隐藏/隔离模式并保存修改，可执行下列步骤：在视图控制栏上，单击▨▨，然后单击"将隐藏/隔离应用到视图"。

如果要使临时隐藏图元成为永久性的，叮在稍后显示并取消隐藏这些图元（如有必要）。

（3）显示和取消隐藏的图元

① 在视图控制栏上，单击▨▨（显示隐藏的图元）。

此时，"显示隐藏的图元"图标和绘图区域将显示一个彩色边框，用于指示处于"显示隐藏的图元"模式下。所有隐藏的图元都以彩色显示，而可见图元则显示为半色调。

② 要显示隐藏的图元，可执行下列步骤。

a．选择图元。

b．执行下列操作之一。

● 单击"修改 |<图元>"选项卡 ➤ "显示隐藏的图元"面板 ➤ 🗔₀（取消隐藏图元）或🎇₀（取消隐藏类别）。

● 在图元上单击鼠标右键，然后单击"取消在视图中隐藏" ➤ "图元"或"类别"。

注意：在选择按图元隐藏的图元或按类别隐藏的类别时，"取消隐藏图元"和"取消隐藏类别"选项会处于活动状态。

● 在视图控制栏上，单击▨▨以退出"显示隐藏的图元"模式。

第2章 基本工具的应用与三维建模的基本原理

平立剖及三维视图生成

学习目标

① 掌握各种基本制图工具的编辑命令的使用方法。
② 了解三维建模形成的基本原理。
③ 掌握相关平、立、剖面等视图的生成及视图范围的调整。

2.1 Revit 基本工具的应用

Revit 常规的编辑工具适用于对图形绘制与编辑的整个过程，其名称和用法与 Auto CAD 的编辑工具基本一样，例如对齐、偏移、镜像、移动、复制等编辑命令，如图 2-1 所示。

下面对这些编辑命令在绘图中的用法作一下简单的介绍。

（1）"对齐"命令

例如：四根柱子要与轴线对齐，如图 2-2 所示。

图 2-1 修改图形基本命令对话框

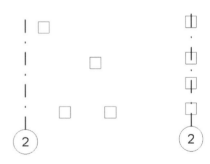

图 2-2 柱与轴线对齐

单击"修改"选项卡 ➤ "修改"面板 ➤ 🖺（对齐）命令，此时绘图区域的鼠标会显示带有对齐符号的光标 📐。勾选选项栏 ☑多重对齐 首选：参照核心层表面 ▼，首先用鼠标选中轴线，然后依次选择四根柱子，即完成该命令操作。此时如果要启动新对齐，可按 Esc 键一次。要退出"对齐"工具，可按 Esc 键两次。

（2）"偏移"命令

单击"修改"选项卡 ➤ "修改"面板 ➤ 🖳（偏移），在选项栏上 ○图形方式 ◉数值方式 偏移：1000.0 □复制输入要偏移的距离，以距离的形式对构建进行偏移；如果点击图形方式，将以图形的形式进行偏移，然后输入要移动的数值；如果勾选复制，那么偏移的原构建存在，相当于把原构建进行复制，如果不勾选复制，那么原构建移动到新的位置。

（3）"镜像"命令

例如：镜像（并复制）门，如图 2-3 所示。

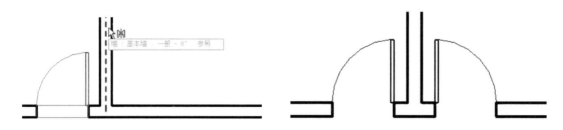

图 2-3   镜像（并复制）门

首先选中要镜像的门，然后单击"修改"选项卡 ➤ "修改"面板，单击 ⚏（镜像-拾取轴）或 ⚏（镜像-绘制轴）。要移动选定项目（而不生成其副本），应清除选项栏上的"复制" 修改|门 ☑复制 然后选择要镜像的图元，并按 Enter 键。选择或绘制用作镜像轴的线。即完成镜像操作。

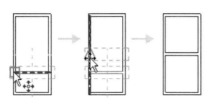

图 2-4   窗户构件的移动

（4）"移动"命令

例如：窗户分割构件的移动，如图 2-4 所示。

选择要移动的图元，然后单击"修改 | <图元>"选项卡 ➤ "修改"面板 ➤ ✥（移动）。在选项栏上单击所需的选项： 修改|门 ☑约束 □分开 □多个 。

约束：勾选"约束"可限制图元沿着与其垂直或共线的矢量方向的移动。

分开：勾选"分开"可在移动前中断所选图元和其他图元之间的关联。例如，要移动连接到其他墙的墙时，该选项很有用。也可以使用"分开"选项将依赖于主体的图元从当前主体移动到新的主体上。例如，可以将一扇窗从一面墙移到另一面墙上。使用此功能时，最好清除"约束"选项。单击一次以输入移动的起点。

此时将会显示该图元的预览图像，沿着希望图元移动的方向移动光标，光标会捕捉到捕捉点。此时会显示尺寸标注作为参考。

再次单击以完成移动操作，或者如果要更精确地进行移动，可键入图元要移动的距离值，然后按 Enter 键。完成窗构件的移动。

（5）"复制"命令

首先选中所要复制的构件，然后单击"修改 | <图元>"选项卡 ➤ "修改"面板 ➤ ✥（复制）。在选项栏上单击所需的选项： 修改|门 ☑约束 □分开 □多个 。

约束：勾选"约束"可限制图元沿着与其垂直或共线的矢量方向的移动。

分开：勾选"分开"可在移动前中断所选图元和其他图元之间的关联。

多个：勾选"多个"可复制多个构建到新的位置。

（6）"修剪/延伸"命令

其操作如表 2-1 所示。

表 2-1　"修剪/延伸"命令操作

目　　标	操　　作
将两个所选图元修剪或延伸成一个角 （如图 2-5 所示）	单击"修改"选项卡 ➤ "修改"面板 ➤ ⇶↑（修剪/延伸到角部） 选择每个图元 选择需要将其修剪成角的图元时，应确保单击要保留的图元部分
将一个图元修剪或延伸到其他图元定义的 边界（如图 2-6 所示）	单击"修改"选项卡 ➤ "修改"面板 ➤ ⇶┃（修剪/延伸单一图元） 选择用作边界的参照。然后选择要修剪或延伸的图元 如果此图元与边界（或投影）交叉，则保留所单击的部分，而修剪边界另一侧的部分
将多个图元修剪或延伸到其他图元定义的 边界（如图 2-7 所示）	单击"修改"选项卡 ➤ "修改"面板 ➤ ⇶┃（修剪/延伸多个图元） 选择用作边界的参照。然后选择要修剪或延伸的每个图元 对于与边界交叉的任何图元，则保留所单击的部分，而修剪边界另一侧的部分
修剪两点之间的图元	单击"修改"选项卡 ➤ "修改"面板 ➤ ⊏╫⊐（拆分图元）。在选项栏上，选择"删除 内部段"。单击图元上的两点以定义所需的边界。内部线段被删除，其余部分将被保留

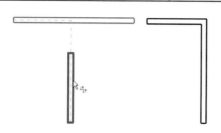
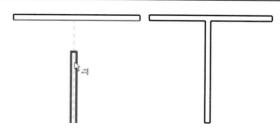

图 2-5　两个所选图元修剪或延伸成一个角　　　　图 2-6　一个图元修剪或延伸到其他图元定义的边界

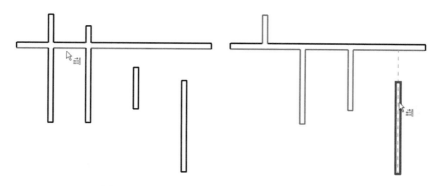

图 2-7　水平墙选作边界的修剪/延伸多个图元

（7）"阵列"命令

阵列的图元可以为沿一条线（线性阵列），如图 2-8 所示；也可以为沿一个弧形（半径阵列），如图 2-9 所示。

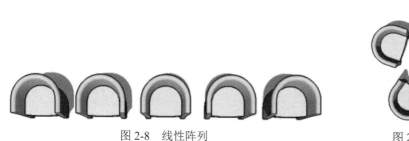

图 2-8　线性阵列　　　　　　　　　　　　图 2-9　半径阵列

其操作步骤如下。

a. 选择要在阵列中复制的图元，然后单击"修改 |<图元>"选项卡 ➤ "修改"面板 ➤ ▦（阵列）。

b. 单击"修改"选项卡 ➤ "修改"面板 ➤ ▦（阵列），选择要在阵列中复制的图元，然后按 Enter 键。

c. 在选项栏上单击所需的选项：修改 | 门　▥▥ ⟳ ☑ 成组并关联　项目数: 2　　移动到: ⦿ 第二个 ○ 最后一个　☐ 约束

单击 ▥▥，代表线性阵列，此时所需设置的参数的含义如下。

成组并关联：将阵列的每个成员包括在一个组中。如果未选择此选项，Revit 将会创建指定数量的副本，而不会使它们成组。在放置后，每个副本都独立于其他副本。

项目数：指定阵列中所有选定图元的副本总数。

移动到第二个：指定阵列中每个成员间的间距。其他阵列成员出现在第二个成员之后。

移动到最后一个：指定阵列的整个跨度。阵列成员会在第一个成员和最后一个成员之间以相等间隔分布。

约束：用于限制阵列成员沿着与所选的图元垂直或共线的矢量方向移动。

如果选择"移动到：第二个"，则将按如下所示放置阵列成员。

a. 在绘图区域中单击以指明测量的起点。

b. 在成员之间将光标移动到所需的距离。移动光标时，会显示一个框，指明所选图元的尺寸。该框将沿捕捉点移动。尺寸标注将显示在第一个单击位置与当前光标位置之间。

c. 再次单击以放置第二个成员，或者键入尺寸标注并按 Enter 键。

● 如果选择"移动到：最后一个"，则将按如下要求放置阵列成员。

a. 在绘图区域中单击以指明测量的起点。

b. 将光标移动到所需的最后一个阵列成员的位置。移动光标时，会显示一个框，指明所选图元的尺寸。该框将沿捕捉点移动。尺寸标注将显示在第一个单击位置与当前光标位置之间。

c. 再次单击以放置最后一个成员，或者指定尺寸标注并按 Enter 键。

● 如果在选项栏上选择了"成组并关联"，则会出现一个数字框，指明要在阵列中创建的副本数。如果需要，可修改该数字并按 Enter 键。

单击 ⟳，代表半径阵列，此时选项栏的选项为：　▥▥ ⟳ ☑ 成组并关联　项目数:、

移动到: ○ 第二个 ⦿ 最后一个　角度:、　旋转中心: 地点 。

半径阵列，除了可以设置所需的项目数外，还可以设置角度，其操作步骤类似线性阵列，在此就不一一叙述了。

（8）"缩放"命令

选择要缩放的图元，然后单击"修改 |<图元>"选项卡 ➤ "修改"面板 ➤ ▱（缩放）。

"缩放"工具适用于线、墙、图像、DWG 和 DXF 导入、参照平面以及尺寸标注的位置，可以图形方式或数值方式按比例缩放图元。

2.2 Revit 三维建模的基本原理

2.2.1 平面视图

平面视图分为楼层平面视图与天花板投影平面视图。楼层平面视图是新项目的默认视

图。大多数项目至少包含一个楼层平面。楼层平面视图在将新标高添加到项目中时自动创建；天花板投影平面视图在将新标高添加到项目中时自动创建，大多数项目至少包含一个天花板投影平面（RCP）视图。

（1）创建平面视图

① 单击"视图"选项卡 ➤ "创建"面板 ➤ "平面视图"下拉列表，然后单击 ⊞（楼层平面）⊞（天花板投影平面）。

② 在"新建平面"对话框中：

● 对于"类型"，从列表中选择视图类型，或者单击"编辑类型"以修改现有视图类型或创建新的视图类型。

● 选择一个或多个要创建平面视图的标高。

● 要为已具有平面视图的标高创建平面视图，可清除"不复制现有视图"。

③ 单击"确定"。

注：如果复制了平面视图，则复制的视图显示在项目浏览器中时将带有以下符号：标高 1（1），其中圆括号中的值随副本数目的增加而增加。

（2）设置视图方向

① 在项目浏览器中，选择一个结构平面视图。"视图方向"参数不可用于其他类型的平面视图。

② 在"属性"选项板上，单击 ⊞（编辑类型）。

③ 在"类型属性"对话框中，选择"向上"或"向下"作为"视图方向"。

④ 单击"确定"。

（3）按后剪裁平面剪切平面视图

如果存在跨多个标高的图元（例如斜墙），可能需要剪切在后剪裁平面位置的平面视图。如图 2-10 所示，如果仅需要墙按照墙在标高 3 的视图范围中的显示在平面视图中可见，则可以使用"截剪裁"参数从视图中剪裁该墙。

使用平面视图的"截剪裁"参数可以激活此功能。后剪裁平面由"视图深度"参数定义，该参数是视图的"视图范围"属性的一部分。

图 2-11 显示了该模型的剖切面和视图深度以及使用"截剪裁"参数选项（"剪裁时无截面线"、"剪裁时有截面线"和"不剪裁"）后生成的平面视图表示。

平面区域服从其父视图的"截剪裁"参数设置，但遵从自身的"视图范围"设置。按后剪裁平面剪切平面视图时，在某些视图中具有符号表示法的图元（例如，结构梁）和不可剪切族不受影响。将显示这些图元和族，但不进行剪切。此属性确实会影响打印。

下面介绍一下按后剪裁平面剪切平面视图的步骤。

① 在项目浏览器中，选择要由后剪裁平面剖切的平面视图。

② 在"属性"选项板上的"范围"下，找到"截剪裁"参数，"截剪裁"参数可用于平面视图和场地视图。

③ 单击"值"列中的按钮，此时显示"截剪裁"对话框。如图 2-12 所示。

④ 在"截剪裁"对话框中，选择一个选项，并单击"确定"。

⑤ （可选）如有必要，也可以单击"视图范围"并修改"视图深度"设置。当"截剪裁"属性处于活动状态时，被选作"视图深度"的标高就是将要剪裁视图的位置。

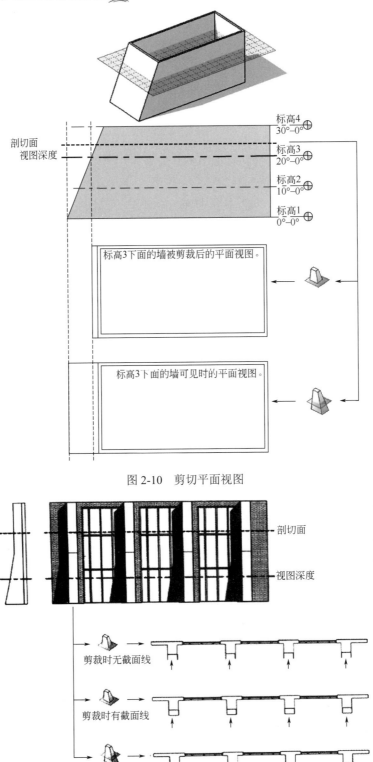

图 2-10　剪切平面视图

图 2-11　剖切面和视图深度以及使用"截剪线"参数选项后生成的平面视图表示

（4）显示平面视图

① 在项目浏览器中双击视图名称。

② 如果该视图已打开但隐藏在另一个视图之后，可单击"视图"选项卡 ➤"窗口"面板 ➤"切换窗口"下拉列表 ➤<视图名称>。

（5）视图范围

每个平面图都具有"视图范围"属性，该属性也称为可见范围。视图范围是可以控制视图中对象的可见性和外观的一组水平平面。水平平面为"顶部平面"、"剖切面"和"底部平面"。顶剪裁平面和底剪裁平面表示视图范围的最顶部和最底部的部分。剖切面是确定视图中某些图元可视剖切高度的平面。这三个平面可以定义视图范围的主要范围。

图 2-12 截剪裁

"视图深度"是主要范围之外的附加平面。可以设置视图深度的标高，以显示位于底裁剪平面下面的图元。默认情况下，视图深度与底部重合。

图 2-13 从立面视图角度显示平面视图的视图范围名称：顶部①、剖切面②、底部③、偏移量④、主要范围⑤和视图深度⑥。

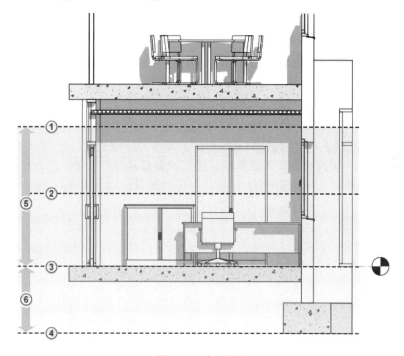

图 2-13 立面视图

2.2.2 立面视图

立面视图是默认样板的一部分。当使用默认样板创建项目时，项目将包含东、西、南、北 4 个立面视图。就是在立面视图中绘制标高线。将针对绘制的每条标高线创建一个对应的平面视图。

（1）创建立面视图

① 打开平面视图。

② 单击"视图"选项卡 ➤"创建"面板 ➤"立面"下拉列表 ➤ 🏠（立面）。此时会显示一个带有立面符号的光标。

③ （可选）在"类型选择器"中，从列表中选择视图类型，或者单击"编辑类型"以修改现有视图类型或创建新的视图类型。

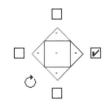

图 2-14　立面符号

④ 将光标放置在墙附近并单击以放置立面符号。

注：移动光标时，可以按 Tab 键来改变箭头的位置。箭头会捕捉到垂直墙。

⑤ 要设置不同的内部立面视图，可高亮显示立面符号的方形造型并单击。立面符号会随用于创建视图的复选框选项一起显示，如图 2-14 所示。

提示：旋转控制可用于在平面视图中与斜接图元对齐。

⑥ 选中复选框表示要创建立面视图的位置。

⑦ 单击远离立面符号的位置以隐藏复选框。

⑧ 高亮显示符号上的箭头以选择它。

⑨ 单击箭头一次以查看剪裁平面，如图 2-15 所示

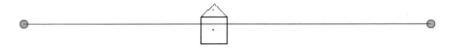

图 2-15　实际平面视图

注：带有剪裁平面的立面符号。

剪裁平面的端点将捕捉墙并连接墙。可以通过拖曳蓝色控件来调整立面的宽度。如果蓝色控制柄没有显示在视图中，可选择剪裁平面，并单击"修改视图"选项卡 ➤"图元"面板 ➤"图元属性"。在"实例属性"对话框中，选择"裁剪视图"参数，并单击"确定"。

⑩ 在项目浏览器中，选择新的立面视图。立面视图由字母和数字指定，例如，立面：1：a。

（2）显示立面视图

显示立面视图有以下几种方法。

① 在项目浏览器中双击视图名称。

② 双击立面符号上的箭头。

③ 选择立面符号箭头，并单击鼠标右键，然后选择"进入立面视图"。

（3）修改立面符号

① 选择立面标记箭头。

② 单击"修改 | 视图"选项卡 ➤"属性"面板 ➤ ⌗（类型属性）。

③ 通过在"值"字段中单击来修改相应的属性值。

④ 单击"确定"。

（4）修改立面视图中的剪裁平面

剪裁平面可定义立面视图的边界。剪裁平面的端点将捕捉墙并连接墙。可以通过调整剪裁平面的尺寸来调整立面的查看区域大小。

① 在平面视图中，选择立面标记箭头。

② 立面的剪裁平面会在绘图区域中显示。如图 2-16 所示。

注：如果远裁剪平面（绿色虚线）不可见，可在"属性"选项板上，选择"远剪裁"参数的一个选项。拖曳蓝色圆点或箭头调整剪裁平面的大小。

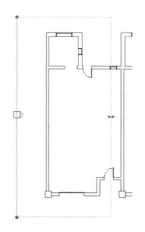

图 2-16　立面视图中的剪裁平面

2.2.3　剖面视图

（1）创建剖面视图

① 打开一个平面、剖面、立面或详图视图。

② 单击"视图"选项卡 ▶ "创建"面板 ▶ ◈（剖面）。

③ （可选）在类型选择器中，从列表中选择视图类型，或者单击"编辑类型"以修改现有视图类型或创建新的视图类型。

④ 将光标放置在剖面的起点处，并拖曳光标穿过模型或族。

注：现在可以捕捉与非正交基准或墙平行或垂直的剖面线。可在平面视图中捕捉到墙。当到达剖面的终点时单击。

⑤ 这时将出现剖面线和裁剪区域，并且已选中它们。

⑥ 如果需要，可通过拖曳控制柄（箭头）来调整裁剪区域的大小。剖面视图的深度将相应地发生变化。如图 2-17 所示。

⑦ 单击"修改"或按 Esc 键以退出"剖面"工具。

⑧ 要打开剖面视图，可双击剖面标头或从项目浏览器的"剖面"组中选择剖面视图。当修改设计或移动剖面线时剖面视图将随之改变。

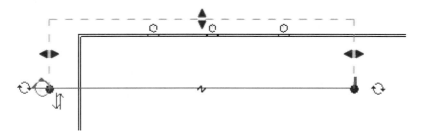

图 2-17　剖面视图

（2）剖面标记可见性

如果剖面视图的裁剪区域与视图范围相交，则可在平面视图、立面视图和其他剖面视图中看到剖面标记。例如，如果重新调整剖面视图的裁剪区域，使其不再与平面视图的视图范围相交，则剖面符号就不会显示在平面视图中。

即使剖面符号的裁剪边界处于关闭状态，它们仍然可以显示在立面视图中。如果剖面线与高程剪裁平面相交，则剖面将显示在立面视图中。要查看和修改高程剪裁平面的位置，可在平面视图中选择高程符号的箭头，然后剪裁平面上就会显示拖曳控制点。如果重新调整剪裁平面，使其不再与剖面线相交，则剖面就不会显示在立面视图中。

2.2.4　三维视图

三维视图分为正交三维视图与透视三维视图。

（1）创建正交三维视图

正交三维视图用于显示三维视图中的建筑模型，在正交三维视图中，不管相机距离的远近，所有构件的大小均相同。

① 打开一个平面视图、剖面视图或立面视图。

② 单击"视图"选项卡 ▶ "创建"面板 ▶ "三维视图"下拉列表 ▶ "相机"。

③ 在选项栏上清除"透视图"选项。

④ 在绘图区域中单击一次以放置相机，然后再次单击放置目标点。

当前项目的未命名三维视图将打开并显示在项目浏览器中。如果项目中已经存在未命名视图，"三维"工具将打开该现有视图。

通过在项目浏览器中的视图名称上单击鼠标右键，然后单击"重命名"，可以重命名默认三维视图。命名的三维视图将随项目一起保存。如果重命名未命名的默认三维视图，则下次单击"三维"工具时，Revit 将打开新的未命名视图。可以使用剖面框来限制三维视图的可见部分。

例如：将相机放置在模型的东南角。

单击"视图"选项卡 ▶ "创建"面板 ▶ "三维视图"下拉列表 ▶ "默认三维视图"。

此操作会将相机放置在模型的东南角之上，同时目标定位在第一层的中心。如图 2-18 所示。

图 2-18　正交三维视图

（2）创建透视三维视图

透视三维视图用于显示三维视图中的建筑模型，在透视三维视图中，越远的构件显示得越小，越近的构件显示得越大。如图 2-19 所示。

① 打开一个平面视图。

② 单击"视图"选项卡 ➤ "创建"面板 ➤ "三维视图"下拉列表 ➤ "相机"。

注：如果清除选项栏上的"透视图"选项，则创建的视图会是正交三维视图，不是透视视图。

③ 在绘图区域中单击以放置相机。

④ 将光标拖曳到所需目标然后单击即可放置。

Revit 将创建一个透视三维视图，并为该视图指定名称：三维视图 1、三维视图 2 等。要重命名视图，在项目浏览器中的该视图上单击鼠标右键并选择"重命名"。

注：在启用了工作共享的项目中使用时，三维视图命令会为每个用户创建一个默认的三维视图。程序会为该视图指定{3D-用户名}名称。可以使用剖面框来限制三维视图的可见部分。

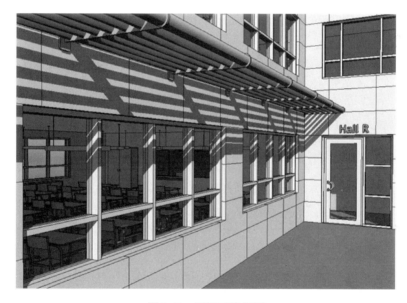

图 2-19　透视三维视图

第 2 部分
建筑设计

第 3 章　标高与轴网

学习目标

① 掌握标高与轴网的绘制方法与编辑方法。
② 了解标高与轴网在建筑图中的作用。
③ 正确绘制该项目的标高与轴网。

标高是标注建筑高度的一种尺寸标注形式，轴网是建筑图中定位房屋各承重构件的重要参考定位工具。在 Revit 绘图中，只有轴线的标头位于最上面一层标高线之上，保证轴线与所有标高线相交，所有楼层平面视图中才会自动显示轴网，因此建议先绘制标高，再绘制轴网，这样才能够在平面中正确地显示轴网。

3.1　标高的绘制

点击图标，新建一项目，打开光盘里的 Revit 样板文件，然后另存为小别墅.rvt 文件（如果直接保存将是扩展名.rte 样板文件）。

3.1.1　绘制标高

① 在图 3-1"项目浏览器"中"视图"下找到"立面"进入任意立面，在这里进入"东立面"，双击"东"，进入东立面视图，开始进行标高的绘制（注：标高一般在立面绘制）。

② 点击"建筑"选项卡下"基准"面板中" "命令，绘制标高，系统会自然默认标高的形式，绘制完后可以对标高进行编辑。在"项目浏览器"中的"楼层平面"下自然生成平面"-1F-2"，其对应图形如图 3-2 所示。

3.1.2　修改标高

① 用鼠标左键点击绘图区域的"-1F-2"，即可激活它，输入"3F"，如图 3-3 所示，随后将出现图 3-4 所示对话框"是否希望重命名相应视图"，点击"是"即可。

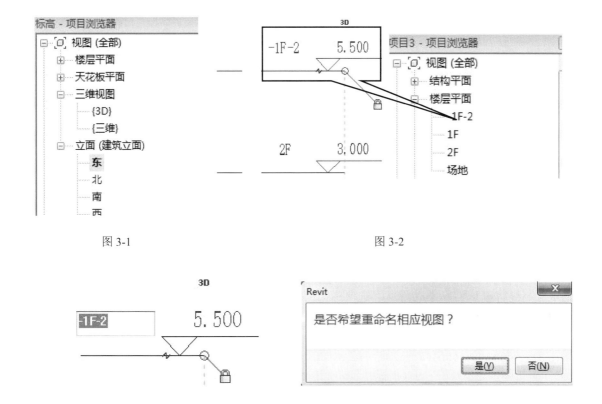

图 3-1　　　　　　　　　　　　　　　图 3-2

图 3-3　　　　　　　　　　　　　　　图 3-4

② 同理，点取标高数值，也可以对其进行修改。现在把 2F 的标高改为"3.600"，3F 改为"6.600"。

也可以点击 2F 这条标高线，如图 3-5 所示，激活临时尺寸 3000，直接输入 3600，也可以把 2F 标高修改为 3.600。

图 3-5

注：

➤ 临时尺寸的单位是 mm，而标高高程点的单位是 m，这也是上面我们在修改临时尺寸改为 3600，而直接修改标高高程改为 3.6 的原因。

➤ 选取标高线后，在标高线的右侧出现了 ☑ ，如果点击它去掉对勾，标高符号的标头将被隐藏。如图 3-6 所示。

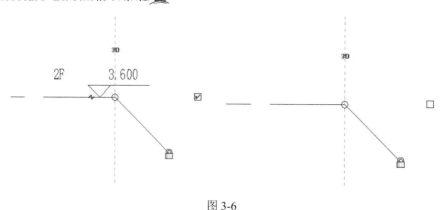

图 3-6

3.1.3 复制标高

① 选择标高 2F，点击"修改"选项卡中"修改"面板上的"复制"命令，如图 3-7 所示，选取标高线后向下复制。将左上角"选项栏"中的"约束"命令勾选上。修改 | 标高 ☑约束 □分开 □多个（这样可以保证图元水平或垂直方向移动）。

注：在 Revit 选取命令前，要先选中物体，命令才能生效。复制时不要用 1F 去复制，如果用 1F 去复制，则标高高程点始终是±0.00。

② 根据上述讲解的方法，把标高名称改为"0F"，标高值改为"-0.45"，修改后如图 3-8 所示。

图 3-7　　　　　　　　　　　　图 3-8

注：由于两条标高线的距离较近，数字之间互相重叠，可以选中"0F"这个标高，在"属性"栏中右侧的黑色小三角形如图 3-9 所示，把"上标高标头"改为"下标高标头"。修改后效果如图 3-10 所示。

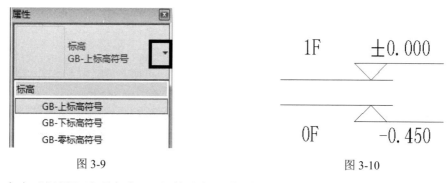

图 3-9　　　　　　　　　　　　图 3-10

③ 点击"视图"选项卡中"平面视图"面板中"楼层平面"，弹出一个对话框，选择刚新建的标高"0F"，这时"楼层平面"中出现"0F"，如图 3-11 所示。选中"0F"点击"确定"按钮，绘图区域会自动跳转到"0F"平面视图。

④ 同理，可以绘制任何楼层标高，完成结果如图 3-12 所示。

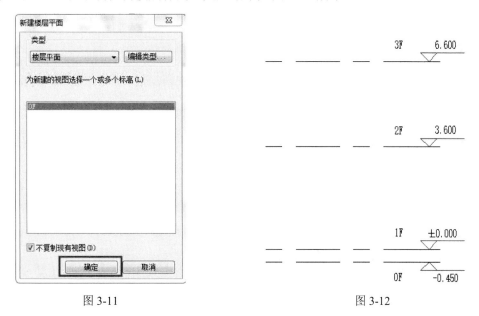

图 3-11　　　　　　　　　　　　　　　　图 3-12

注：

➤ 直接用"标高"命令绘制标高，在"楼层平面"中会出现相应的标高平面。

➤ 但如果是用"复制"等命令创建的标高，会发现在"楼层平面"中不会出现相应的平面视图，此时则需要将复制的标高手动添加到"楼层平面"中，在"视图"选项卡中"平面视图"中选中标高，添加到楼层平面即可。

发现：

选中任意一个标高线，会显示"临时尺寸"、一些控制符号和复选框，可以编辑标高线的长短、通过拖动符号可整体或者单独调整标高标头的位置、控制标高标头的显示和隐藏等操作，参照图 3-13 所示，可尝试操作。

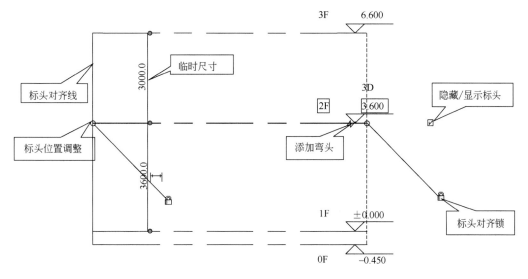

图 3-13

3.2 轴网的绘制

3.2.1 绘制竖向轴网

① 在"项目浏览器"中"视图"下点击"楼层平面",双击 1F 进入一层平面。

② 单击"建筑"选项卡下"轴网"命令 轴网,开始进行轴网的绘制。把鼠标放到绘图区域,从上到下竖向绘制一条轴网,系统默认轴号为 1。

③ 选择刚刚绘制的轴网,点击"修改"面板中的"复制"命令(快捷键 CO),并且勾选选项栏中的 "约束"和"多个",如图 3-14 所示。

修改 | 轴网 　☑约束 　☐分开 　☑多个

图 3-14

注:"约束"可以保证轴网在竖直或水平方向移动,"多个"为点击一次复制命令可以依次复制多个轴线。

④ 鼠标单击一下轴网 1 并向右移动一定距离,输入数值 4000,则绘制出 2 号轴网,如图 3-15 所示。

⑤ 鼠标继续向右拖动,依次输入数值,分别为 3600,3000,1000,如图 3-16 所示。

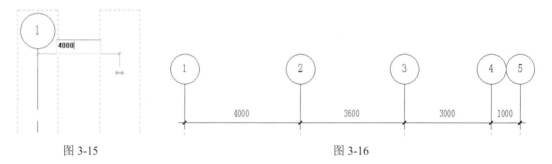

图 3-15　　　　　　　　　　　　　　　　图 3-16

⑥ 此时,竖向轴网绘制完成,如图 3-17 所示。

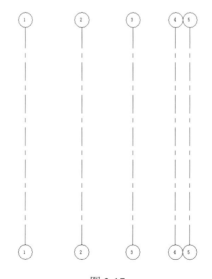

图 3-17

3.2.2　绘制横向轴网

① 同理，单击"建筑"选项卡下"轴网"命令，把鼠标放在绘图区域，在 1 轴网左边从左到右绘制一条横向轴网，此时系统会依据竖向轴网依次排列，而在制图中，横向轴网用大写的 A、B、C···表示，绘制完第一条轴网后，点击数字"6"改为"A"，如图 3-18 所示。

② 选择刚刚绘制的轴网，再次使用"复制"命令，勾选"约束"和"多个"，输入数值分别为 500，5700，3000，1500，700。轴网绘制完成，如图 3-19 所示。

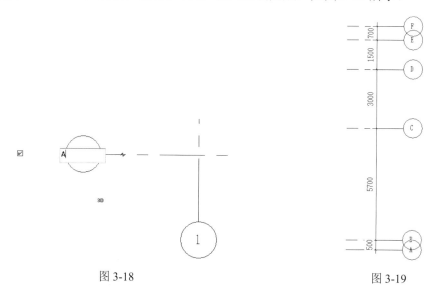

图 3-18　　　　　　　　　　　　　　　图 3-19

建议：轴网绘制完成，并做相应的调整后，选中所有的轴线，自动激活"修改轴网"选项卡，单击"修改"面板中的"锁定"命令 🔒 锁定轴网，以免在做以后的操作时不小心将轴网移动。如果后期要对轴网进行编辑操作时，首先需要选中轴网点击"修改"面板中的解锁 🔓，方可对其进行编辑。

3.2.3　编辑轴网

① 在本项目中，发现轴网 A 和 B 以及轴网 E 和 F 的标头相交在了一起，此时就需要手动调整轴网标头的位置。操作如下：

选中轴网 A，点击轴网 A 上的"剖断符号"━━，如图 3-20 所示，会发现轴网 A 和轴网 B 彼此就分开了，还可以通过拖拽蓝色实心圆点进一步对轴网标头位置进行调整，如图 3-21 所示。

图 3-20　　　　　　　　　　　　　　　图 3-21

　　轴网 E 和 F 标头用同样的方法进行调整。

　　② 修改后的轴网只是在当前平面视图做了调整，为了使其他视图的轴网也做同样的调整，则需要选中所有刚刚修改过的轴网，点击"基准"面板中的"影响范围"，弹出对话框"影响基准范围"把其他楼层平面勾选上，点击"确定"即可，如图 3-22 所示。

　　③ 至此，所有轴网绘制完成，如图 3-23 所示。

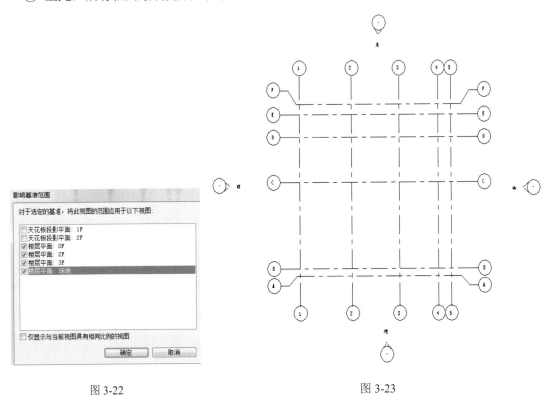

图 3-22　　　　　　　　　　　　　　　　　　图 3-23

轴网小结：

➤ 选择任何一根轴线，会出现蓝色的"临时尺寸"标注，单击数值可激活临时尺寸并对其进行修改，调整轴线的位置。

➤ 选择任意一根轴线，所有轴线的标头处会出现一条对齐的虚线，鼠标拖动蓝色的小圆圈，可整体调整轴线标头的位置。

➤ 如果只想单独移动一根轴线，则先把选中轴线上的小锁 🔒 点击解锁，然后再拖拽被选中轴线标头的小圆圈，即可单独调整这根轴线的位置。

➤ 如果选中轴线出现"3D"字样，则表示被选中轴线的变化会同步到楼层平面的其他视图；鼠标单击"3D"字样，可切换到"2D"模式，此时如果调整轴线，则只有当前视图发生变化，其他视图不会做相应的调整。

➤ 选择任意一根轴线，发现轴网标头外面出现 ☑ 符号，通过调整对勾的勾选和隐藏，可以改变轴网标头的显示和隐藏。

➤ 选择任意一根轴线，会出现"剖断符号" ⚡，鼠标点击"剖断符号"可解决两个轴网标头相碰撞的问题。

如图 3-24 所示。

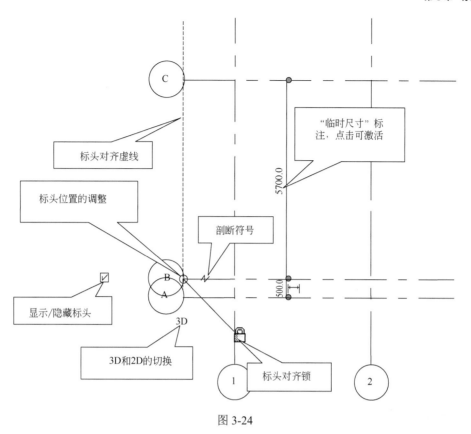

图 3-24

第4章 柱与梁

柱子附着于屋顶

学习目标

① 掌握柱与梁的创建方法与编辑方法。

② 了解建筑柱和结构柱的应用方法和区别。

4.1 结构柱

4.1.1 创建结构柱

① 接前面练习，在"项目浏览器"中"视图"下点击"楼层平面"，双击 1F 进入一层平面视图，点击"建筑"选项卡下"构建"面板中"柱"命令，在其下拉菜单中分有"结构柱"和"建筑柱"。首先介绍结构柱。

② 点击"结构柱"，在"属性"栏中选择所需要的柱子类型"钢筋混凝土 300×300mm"。如图 4-1 所示。

4.1.2 放置结构柱

① 修改左上角选项中的"深度"为"高度"，后面标高改为"2F"。如图 4-2 所示。（注："深度"状态下放置柱子，柱子方向是从本楼层伸到下一楼层；"高度"状态下放置柱子，柱子方向是从本楼层伸到上一楼层）。

图 4-1

图 4-2

② 为了准确给柱子定位，在此需要绘制"参照平面"作为参照线。点击"建筑"选项

卡下"工作平面"面板中 ✎ 参照 平面 ，在 1 轴左侧、2 轴上侧、5 轴右侧、B 轴下侧、E 轴上侧位置绘制参照平面，分别距离相应轴线 120mm，如图 4-3 所示。

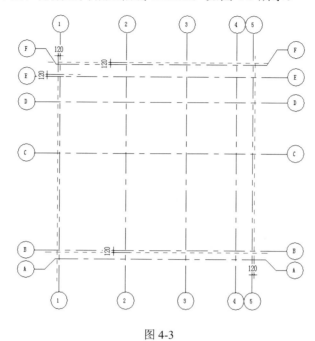

图 4-3

注意：修改尺寸有两种方法。

➢ 一种是利用临时尺寸，选择需要修改的图元，修改其临时尺寸的数值。

➢ 另一种是点击"注释"选项卡下"尺寸标注"面板中"对齐"标注，将两条线标注上，选择需要修改的线，尺寸标注就会被激活，修改数值即可。

③ 接下来开始放置"钢筋混凝土 300×300mm"结构柱，放置结构柱位置如图 4-4 所示。

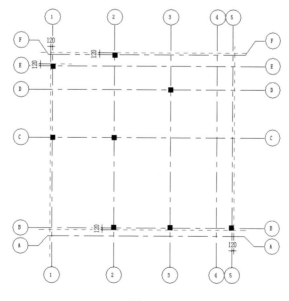

图 4-4

④ 继续放置"钢筋混凝土 240×240mm"结构柱，首先要绘制"参照平面"，在上步操作的基础上继续绘制两条"参照平面"，如图 3-5 所示，距离轴 4 左侧 620mm，距离 C 轴下侧 1920mm，柱的位置按图 4-5 所示放置。

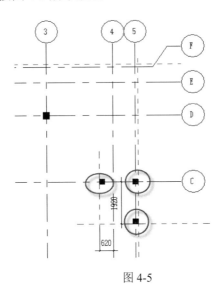

图 4-5

4.1.3 修改结构柱

① 将所有"钢筋混凝土 300×300mm"的结构柱选中（可选中一个柱子，右击点击"选择全部实例"，"在视图中可见"，可快速选择相同实例的图元），在"属性"面板中修改其"底部偏移"为-450，然后点击"属性"面板右下角的"应用"按钮，如图 4-6 所示。

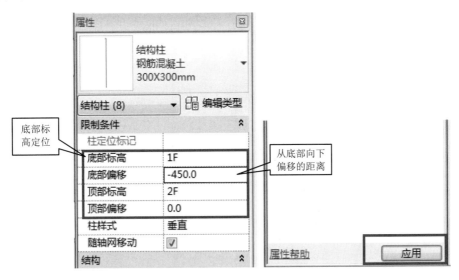

图 4-6

② 同样方法，将所有"钢筋混凝土 240×240mm"的结构柱选中，在"属性"面板中修改其标高和偏移值，并点击"属性"面板右下角的"应用"按钮，如图 4-7 所示。

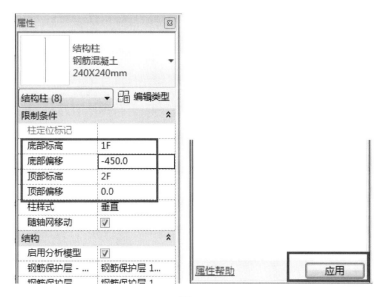

图 4-7

4.1.4　创建入口柱子

① 在南面入口处先绘制一条参照平面，点击"建筑"选项卡下"工作平面"面板中
✐ 参照 平面 ，参照平面定位如图 4-8 所示。

② 点击"结构"选项卡下"构建"面板中"柱"命令，在其下拉菜单中选择"结构柱"，
在"属性"面板中选择柱类型为"带帽门口柱 300×300"，放置到如图 4-9 所示位置。

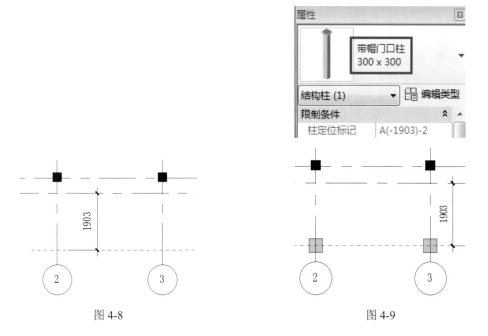

图 4-8　　　　　　　　　　　　　　　　图 4-9

③ 选中刚刚绘制的"带帽门口柱 300×300"，在"属性"面板中修改其标高及偏移量参
数的设置，设置完成点击"应用"按钮，如图 4-10 所示。

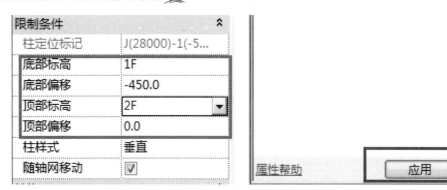

图 4-10

④ 点击"插入"选项卡下"从库中载入"面板中"载入族"。弹出对话框"载入族"，打开"Architecture"文件夹，再找到"柱"文件夹，鼠标双击"爱奥尼柱整体"这个族，即可载入到项目中，如图 4-11 所示。

图 4-11

注意：如果项目中没有需要的柱子类型，则需要单击"插入"选项卡，"从库中载入"面板下"载入族"工具，打开相应族库载入族文件。如图 4-12 所示。

图 4-12

⑤ 在东面入口处绘制参照平面，距离 5 轴右侧 1200mm，距离 C 轴下侧 1800mm。点击"建筑"选项卡下"构建"面板中"构件"命令下拉菜单中的"放置构件"，把刚刚载入的柱子分别放置在如图 4-13 所示位置。

4.1.5　修改入口柱子

① 选中刚刚创建的建筑柱，点击"属性"上的"编辑类型"，修改其"柱高度"为 2515，如图 4-14 所示。

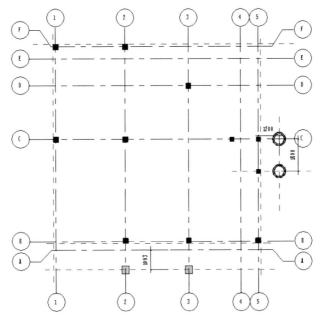

图 4-13

图 4-14

② 至此，一层所有柱子添加完成，结果如图 4-15 所示。

4.1.6　二层柱子的添加

① 在"项目浏览器"中"视图"下点击"楼层平面"，双击 2F 进入二层平面视图。

② 添加方法同上。

➤ 绘制一条新的参照平面，距离 4 轴左侧 500mm，其他参照平面借助一层参照平面所绘位置即可。

➢ 点击"建筑"选项卡下"构建"面板中"柱"命令，在其下拉菜单中选择"结构柱"，在"属性"面板中选择柱类型为"钢筋混凝土 300×300mm"，柱的添加位置如图 4-16 所示（注意在"选项栏"中把"深度"改为"高度" 高度：▼ 3F ▼ ）。

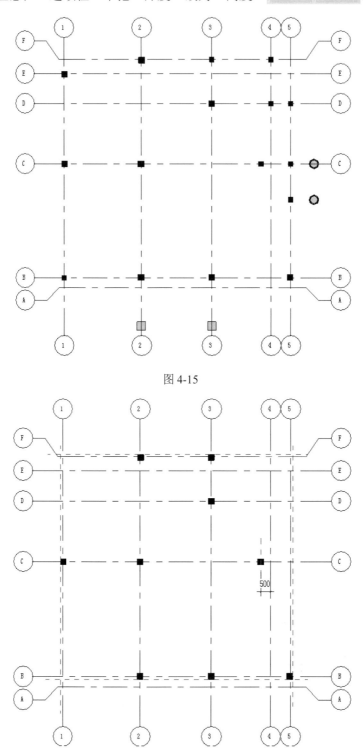

图 4-15

图 4-16

③ 选中刚刚绘制的"钢筋混凝土300×300mm"结构柱，在"属性"面板下修改柱子标高和偏移量，并点击"应用"按钮，如图4-17所示。

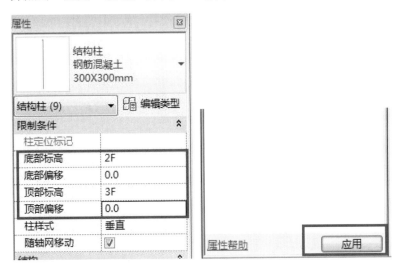

图4-17

④ 继续创建"钢筋混凝土240×240mm"结构柱，绘制参照平面距离E轴下侧700mm，添加的位置如图4-18所示。

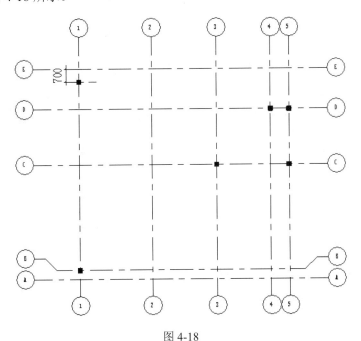

图4-18

⑤ 同理，选中刚刚创建的"钢筋混凝土240×240mm"结构柱，在"属性"面板下修改柱子标高和偏移量，并点击"应用"按钮，如图4-19所示。

⑥ 添加建筑柱。绘制参照平面如图4-20所示。选择建筑柱命令，在"属性"面板中选择柱类型为"栏杆柱子"，并修改柱高和偏移量如图4-21所示，放置位置如图4-22所示，柱中心放到参照平面的交点处。

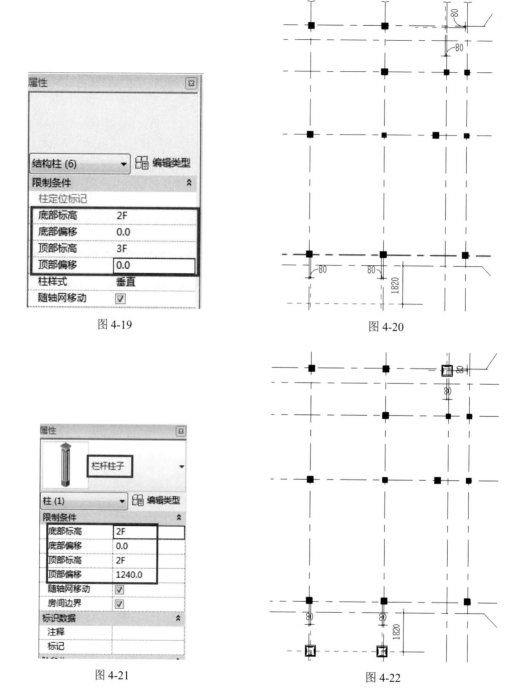

图 4-19

图 4-20

图 4-21

图 4-22

⑦ 至此，二层的柱子创建完成，如图 4-23 所示。

思考：

如果样板文件中没有合适的柱尺寸，那么我们应该怎样创建一种新的柱尺寸呢？

例：在项目中我们需要一种"钢筋混凝土 300×500mm"的结构柱，但项目中没有这种尺寸的柱子，此时可以做如下操作。

选择任意一种尺寸的结构柱，从"属性"面板下点击"类型属性"，弹出编辑类型对话框，编辑柱子属性，点击"复制"命令创建新的尺寸规格，注意修改柱宽度、厚度尺寸参数。如图 4-24 所示。

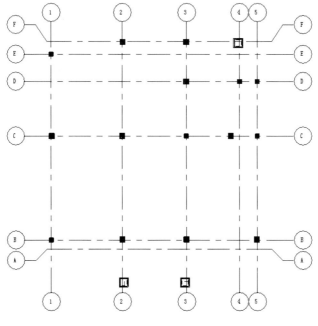

图 4-23

图 4-24

注意：在"类型属性"对话框中会发现有"复制"和"重命名"两个选项，如果点击"重命名"则把当前选择的柱尺寸改变了；如果点击"复制"，则是在当前选中柱子基础上重新创建了另一种柱尺寸，在这里要注意区分两者的不同。

4.2 梁的创建和编辑

本项目中没有用到梁，简单介绍一下梁的创建方法。

① 单击"结构"选项卡下"结构"面板下"梁"工具命令，从类型选择器的下拉列表中选择需要的梁类型，如没有，可从库中载入。

② 使用"三维捕捉"选项，通过捕捉任何视图中的其他结构图元，可以创建新梁。

③ 要绘制多段连接的梁，可选择选项栏中的"链"，如图 4-25 所示。

图 4-25

④ 选中梁，端点位置会出现操纵柄，鼠标拖拽调整其端点位置，如图 4-26 所示。

图 4-26

⑤ 选中创建好的梁会自动激活选项卡"修改|结构框架"，通过"属性"面板可以修改梁实例参数，通过单击"属性"面板中"编辑类型"按钮，打开"类型属性"对话框，可改变梁的类型属性参数，如图 4-27 所示。

图 4-27

第5章 墙体

① 了解墙体的几种类型。
② 掌握基本墙体的创建和编辑。
③ 掌握异性墙体的创建和编辑。
④ 掌握墙体饰条和分隔缝的应用与绘图方法。

女儿墙压顶

5.1 墙体的创建

5.1.1 墙体的基本知识

单击"建筑"选项卡下"构建"面板中"墙"命令。

墙命令的下拉菜单中有绘制墙体的"建筑墙"、"结构墙"、"面墙";起装饰作用"墙饰条","分隔缝"。如图5-1所示。

建筑墙:在建筑模型中创建非结构墙。

结构墙:在建筑模型中创建承重墙或剪力墙。

面墙:可以使用体量面或常规模型来创建墙。

墙饰条和分隔缝:都是沿某条路径拉伸轮廓来创建。

注意:墙饰条和分隔缝无法在平面视图创建。

以"建筑墙"为例。选择"建筑墙",在"属性"面板中下拉菜单中,可以选择"叠层墙"、"基本墙"、"幕墙"等墙体的类型。

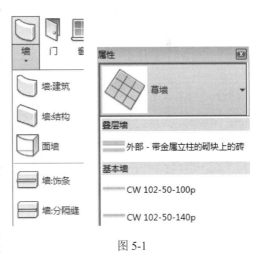

图 5-1

5.1.2 一般墙体的绘制与编辑

① 接前面练习,在"项目浏览器"中"视图"下单击"楼层平面",双击 1F 进入一层

平面视图。

② 单击"建筑"选项卡中"墙"下拉菜单中的"建筑墙",在类型选择器中选择" 常规-200mm"的墙体,单击"编辑类型"打开,单击"复制"命名为"外墙-240mm",单击"结构"后面的"编辑",如图 5-2 所示。

图 5-2

③ 此时弹出"编辑部件"对话框,如图 5-3 所示,利用插入、删除、向上、向下命令编辑该墙体的结构层,设置完成后单击两次"确定"完成新墙体的编辑。

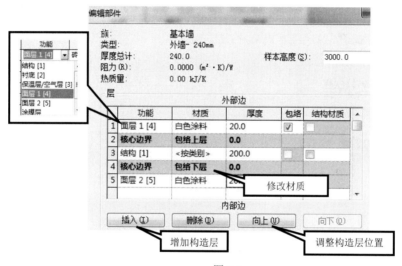

图 5-3

图 5-4

④ 继续设置墙体"属性"面板中的实例参数,如图 5-4 所示,"定位线"为"墙中心线",底部标高"1F",底部偏移"-450",顶部约束"2F",底部偏移"0"。设置完成后,单击"属性"面板右下角"应用"按钮。

⑤ 点击直线命令沿外圈柱子顺时针绘制一圈外墙,拐角的墙绘制时,可先用参照平面定位,绘制结果如图 5-5 所示。

注:a. 因为 Revit 中有内墙面和外墙面的区分,所以为了保证墙体方向的正确性,这里要注意顺时针方向绘制墙体。

b. 选中绘制好的墙体按空格键可对其进行翻转。

c. 选中绘制完成墙体图元,单击修改选项卡可以对其进行移动、复制、拆分、修剪等命令。

移动命令:进行移动命令时注意约束运用 修改|墙 ☑约束 □分开 ☑多个 ,勾选约束后只

能对其进行单一轴方向移动。

复制命令：进行复制命令时勾选约束和多个 修改|墙 ☑约束 □分开 ☑多个 ，可以进行单一方向多个复制，点击复制命令后确定基点，移动鼠标位置输入数值按回车键完成复制。

拆分命令：通过拆分命令 ↮ 可以将墙体图元拆分。

修剪命令：相交墙体可以用修剪命令 ⌐ 对齐进行修剪，修剪时点击想要保留的部分。

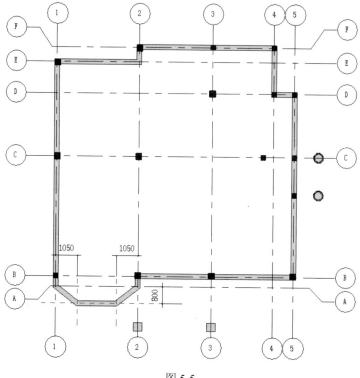

图 5-5

⑥ 利用上述方法，选择"外墙-240mm"，在"类型属性"中通过"复制"创建另一种新的墙体，命名为"内墙-240mm"，如图 5-6 所示，构造层设置不变，两次"确定"完成墙体的新建。

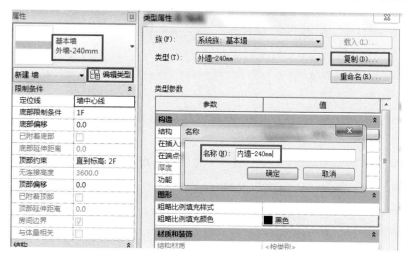

图 5-6

⑦ 在"属性"面板中修改实例参数，如图 5-7 所示，修改完成单击"属性"面板右下角"应用"按钮，然后绘制如图 5-8 所示三道内墙。

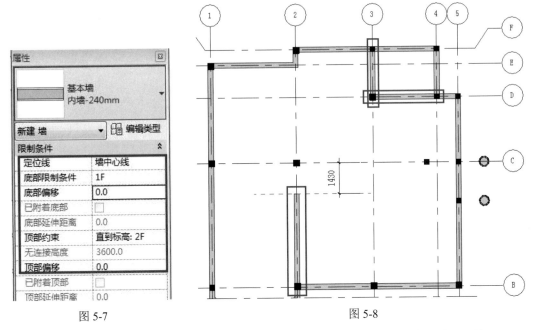

图 5-7   图 5-8

⑧ 同样方法，选择"常规-200mm"墙体，"复制"另一种新的墙体，命名为"隔墙-120mm"，单击"结构"后面的"编辑"按钮，打开"编辑部件"对话框，修改其"厚度"为 120，如图 5-9 所示，两次"确定"完成墙体的新建。

图 5-9

⑨ 在"属性"面板中，定位线设为"面层面-内部"。从上向下，从左到右绘制如图 5-10 所示两道隔墙，没有在轴线上的墙体通过绘制参照平面作为辅助线。

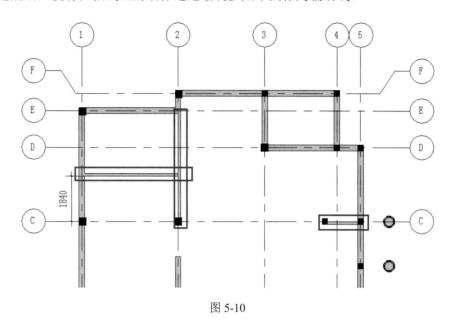

图 5-10

⑩ 选中刚刚绘制的一道墙体，右击选择"创建类似实例"，如图 5-11 所示。继续创建"隔墙-120mm"的墙体，修改墙定位线为"墙中心线"，并绘制如图 5-12 所示位置内墙。

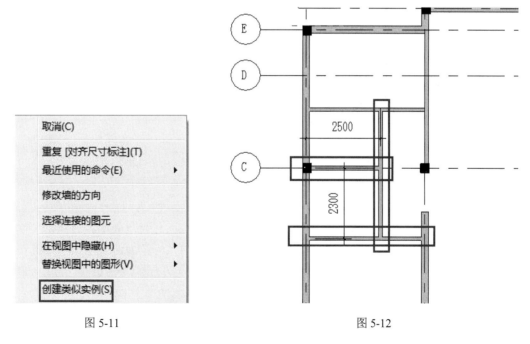

图 5-11

图 5-12

⑪ 绘制二层墙体。在"项目浏览器"中"视图"下单击"三维视图"，双击 3D，进入三维视图。选中其中一道外墙，鼠标放在被选中的墙体上，按键盘上的"Tab"键切换，注意左下角状态栏中出现"墙或线链" 墙或线链 ，再次单击墙体，选中所有外墙，如图 5-13 所示。

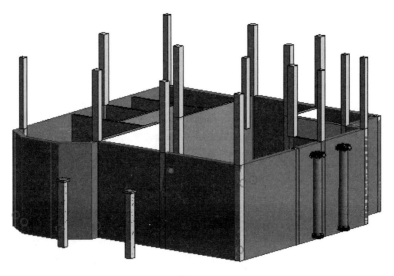

图 5-13

⑫ 单击"修改"选项卡中"剪贴板"面板中"复制到剪切板"命令，在"粘贴"的下拉菜单中，选择"与选定的标高对齐"，在弹出的对话框中选择"2F"，如图 5-14 所示。

图 5-14

注意：当单击"确定"后，会弹出如图 5-15 所示的警告，告知我们在绘图区域高亮显示的墙体重叠，原因是一层层高和二层层高高度不同，所以从一层复制到二层的墙体会和一层有重叠，这时只需选中所有二层的外墙，修改墙体标高即可，按步骤⑬操作。

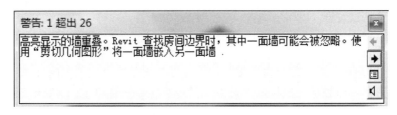

图 5-15

⑬ 此时将一层外墙复制到二层，完成后修改二层外墙的标高，进入二层平面，按上述方法通过"Tab"键快速选中所有外墙，如图 5-16 所示，在"属性"面板修改墙体实例参数，底部限制条件"2F"，底部偏移"0"，顶部约束"3F"，顶部偏移"0"，如图 5-17 所示，最终完成效果如图 5-18 所示。

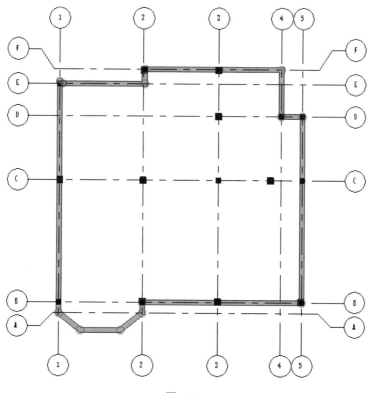

图 5-16

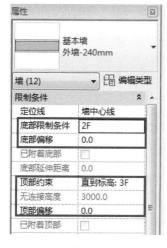

图 5-17

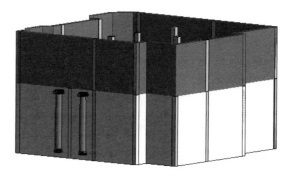

图 5-18

⑭ 接下来对二层部分外墙进行修改。进入二层平面，修改三道外墙，如图 5-19 所示，修改如图 5-20 所示墙体的高度。至此，二层外墙创建完成。

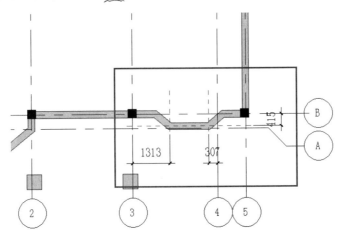

图 5-19

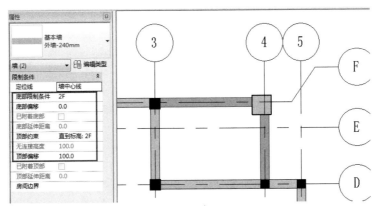

图 5-20

⑮ 绘制二层的内墙。打开二层平面视图，选择墙体类型为"内墙-240mm"，定位线为"墙中心线"，顶部标高为"2F"，顶部偏移为"0"，顶部标高为"3F"，顶部偏移为"0"，绘制如图 5-21 所示位置内墙。

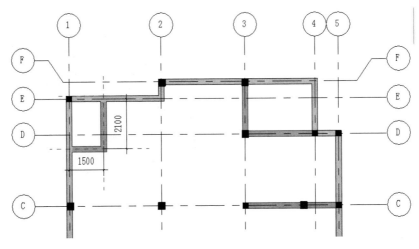

图 5-21

⑯ 选择墙体类型"隔墙-120mm",通过"复制"创建新的墙体"隔墙-180mm",修改其结构层厚度为180mm,如图5-22所示。

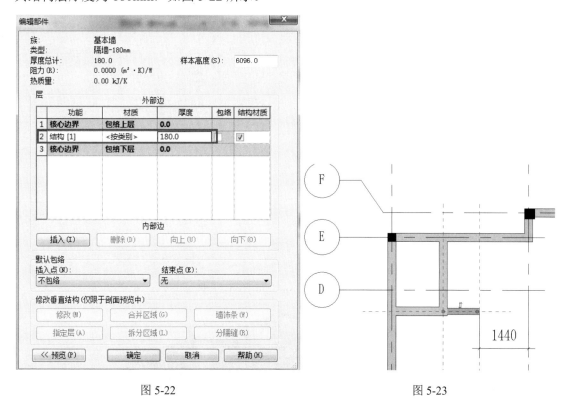

图 5-22   图 5-23

⑰ 在 D 轴下方沿参照平面绘制如图5-23所示墙体,单击"修改"面板上的"对齐"命令,如图5-24所示,单击"内墙-240"的外边线,然后再单击"隔墙-180"的外边线,使两墙体的外边线对齐,如图5-25所示。

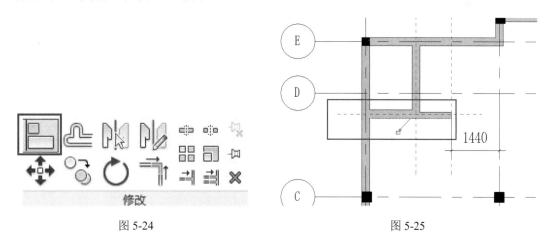

图 5-24   图 5-25

⑱ 选择墙体类型为"隔墙-120mm",定位线为"墙中心线",底部标高为"2F",底部偏移为"0",顶部约束为"3F",顶部偏移为"0",绘制如图5-26所示位置墙体。

⑲ 继续选择"隔墙-120mm",修改墙体定位线为"面层面:内部",绘制如图5-27所示墙体。

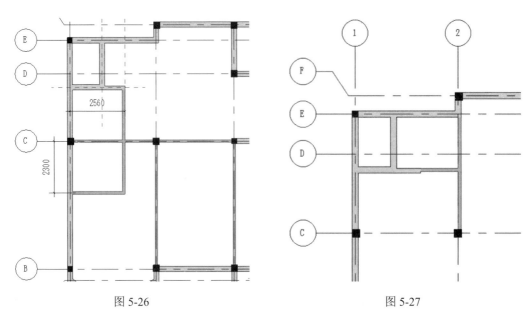

图 5-26   图 5-27

⑳ 至此，一层和二层的所有墙体绘制完成，如图 5-28 所示。

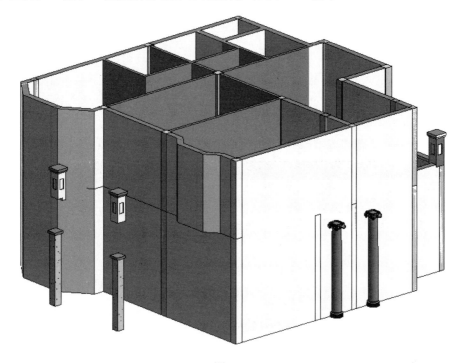

图 5-28

注意：保证所有外墙箭头朝外，这样才是外墙面层向外。如果箭头朝里，可以单击"箭头"去翻转墙体，也可以直接单击"空格键"。

㉑ 绘制门口的造型墙。进入一层平面，选择墙体类型"隔墙-120mm"，绘制如图 5-29 所示位置的墙体。

㉒ 选择刚刚绘制的墙体，在"属性"面板中修改实例属性参数，如图 5-30 所示。

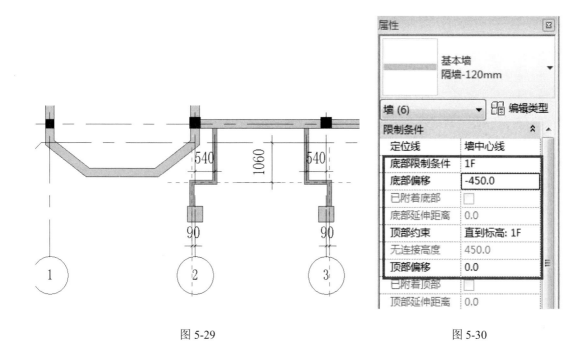

图 5-29   图 5-30

㉓ 创建二层门口造型墙。进入二层，选择墙体类型"外墙-240mm"，绘制墙体如图 5-31 所示。

㉔ 选中刚刚绘制的三道墙体，在"属性"面板下修改墙体高度，设置如图 5-32 所示。

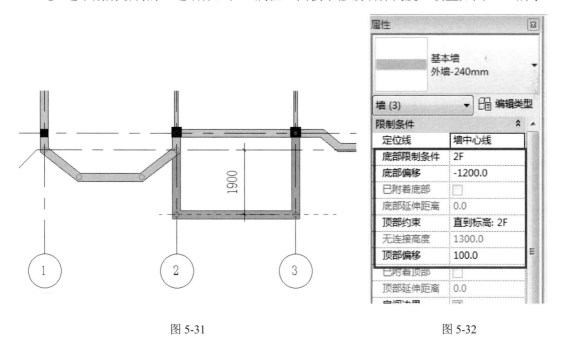

图 5-31   图 5-32

㉕ 选中刚刚绘制的一道墙体，如图 5-33 所示，单击"模式"面板下的"编辑轮廓"，弹出"转到视图"对话框，双击"立面：南"，进入南立面，开始编辑墙体形状，如图 5-34 所示。

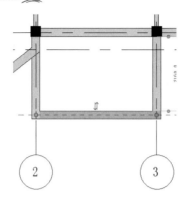

图 5-33

图 5-34

㉖ 进入编辑界面后,在"绘制"面板中选择"起点-终点-半径弧",编辑轮廓形状如图 5-35 所示。

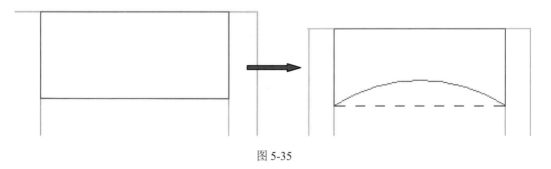

图 5-35

㉗ 用同样的方法,对剩下的左右两道墙体做相同的编辑,完成效果如图 5-36 所示。

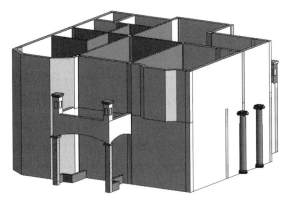

图 5-36

5.1.3 ▶ 叠层墙设置

① 单击"墙",选择基本墙,首先创建需要的墙体,这里首先创建两种墙体,"外墙-红砖 240mm"和"外墙-白色涂料 240mm",如图 5-37、图 5-38 所示。

	功能	材质	厚度	包络	结构材质
1	面层 1 [4]	, 普通 , 红色	20.0	☑	
2	核心边界	包络上层	0.0		
3	结构 [1]	<按类别>	220.0		
4	核心边界	包络下层	0.0		

图 5-37

	功能	材质	厚度	包络	结构材质
1	面层 1 [4]	白色涂料	20.0	☑	
2	核心边界	包络上层	0.0		
3	结构 [1]	<按类别>	220.0		
4	核心边界	包络下层	0.0		

图 5-38

② 选择墙的类型,"叠层墙外部-带金属立柱的砌块上的砖",复制一种新的墙体"叠层墙-外墙 240mm",如图 5-39 所示。

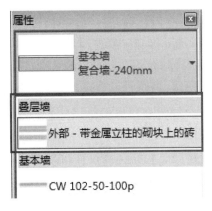

图 5-39

③ 可以通过修改底部墙体的参数值，修改底部墙体的高度。如图 5-40 所示。

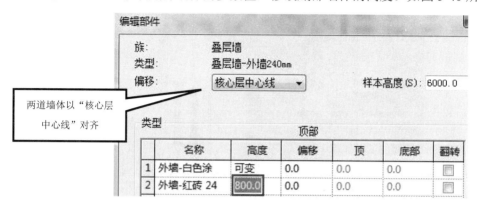

图 5-40

④ 选择所有的外墙。进入一层平面视图，鼠标放在其中任意一面外墙上，按"Table"键切换，注意观察左下角状态栏中显示"墙或线链"，选择一层所有的外墙，在"属性"面板上将墙体类型替换成"层叠墙-240mm"。完成效果如图 5-41 所示。

⑤ 异形墙的创建。平时需要的墙体大部分都是横平竖直的，随着现在异形建筑的增多，异形墙也多了，普通墙体已经无法满足，创建异形墙体，可以用体量去创建。

单击"体量和场地"选项卡中"概念体量"面板中"显示体量"命令，如图 5-42 所示。

图 5-41   图 5-42

进入任意平面视图，单击"内建体量"命令，绘制体量，弹出对话框，给体量命名如"墙体 1"，如图 5-43 所示。

图 5-43

在"绘制"面板中选择直线和弧形，绘制如图 5-44 所示轮廓，选中完成轮廓，单击右上角"形状"面板上的"创建形状"，选择"实心形状"，单击"完成体量"。

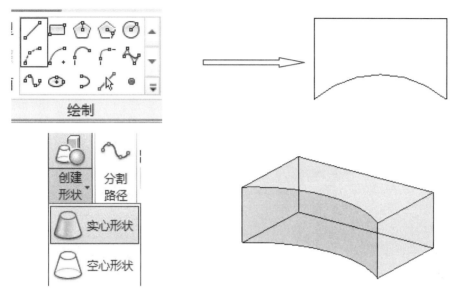

图 5-44

单击"体量和场地"选项卡中"面模型"面板中的"墙"命令，单击体量需要创建的墙体的那一面，生成墙体，异形墙创建完成，如图 5-45 所示。

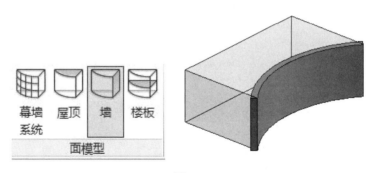

图 5-45

5.2　墙饰条、分隔缝

5.2.1　墙饰条轮廓族的创建

① 单击"应用程序菜单"，新建"族"，找到族样板"公制轮廓-主体"，如图 5-46 所示。

② 单击"创建"选项卡中"详图"面板上"直线"命令，绘制如图 5-47 所示轮廓，另存为文件"墙饰条-轮廓"，然后单击"修改"面板下"载入到项目"，此时就将创建的"墙饰条-轮廓"族载入到了项目中。

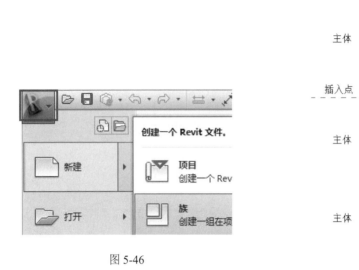

图 5-46

图 5-47

5.2.2 添加墙饰条

① 单击"建筑"选项卡中"墙"面板下的"墙饰条",选择类型"檐口",然后进入三维视图,靠近任意墙体单击放置墙饰条,然后选中放置的饰条,单击"属性"面板中的"编辑类型"对话框中,在"轮廓"后面选择刚刚绘制的轮廓族"墙饰条-轮廓",如图 5-48 所示,修改完成,如图 5-49 所示。

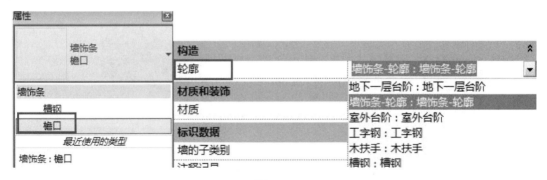

图 5-48

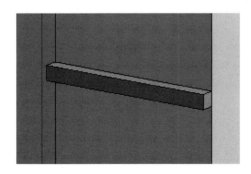
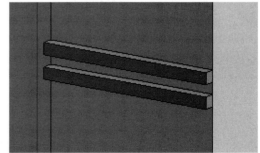

图 5-49

②　接上节练习，选择"墙饰条-檐口"，靠近一面墙，单击放置饰条，如图 5-50 所示，饰条中心位置和一层墙体顶部对齐（注：墙饰条只能在三维视图才能放置）。

③　继续沿着刚刚放置的墙饰条高度在剩下的墙体上放置饰条，放置完成如图 5-51 所示。

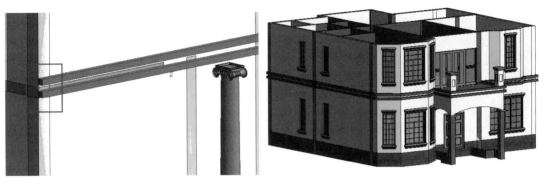

图 5-50　　　　　　　　　　　　　　　　　　图 5-51

5.2.3　分隔缝

分隔缝与墙饰条都需要轮廓族，它的编辑方法和墙饰条一样。单击"墙-分隔缝"，在"类型属性"中"轮廓"下拉列表中选择自己创建好的轮廓族即可添加分隔缝，如图 5-52 所示。进入三维视图，靠近墙体单击放置即可，如图 5-53 所示。

注：本项目中没有用到分隔缝，可自己练习分隔缝的创建。

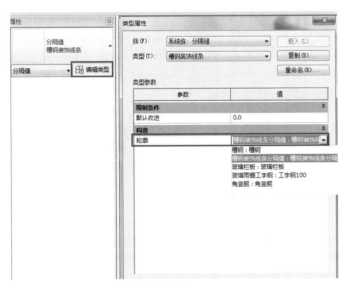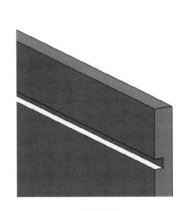

图 5-52　　　　　　　　　　　　　　　　　　图 5-53

第6章 楼板

利用楼板创
建坡道

① 了解常规楼板的标准要求以及在建筑中不同的空间对楼板高度的要求。
② 掌握楼板的创建方法和编辑方法。
③ 掌握楼板边缘的运用。

6.1 楼板的创建

6.1.1 创建一层房间楼板

① 接上节练习，进入一层平面视图。选择"建筑"选项卡中"楼板"下拉列表中"楼板：建筑"，进入"创建楼板边界"界面，在"绘制"面板中选择"直线"绘制楼板边界，如图 6-1 所示。

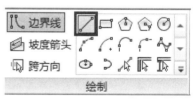

图 6-1

② 在"属性"面板中设置楼板类型为"常规-150mm"，"自标高的高度偏移"为-150。如图 6-2 所示。

③ 开始创建厨房和卫生间的楼板，绘制如图 6-3 所示轮廓线（一般厨房和卫生间都要降板）。

注意：绘制楼板时，由于框架结构、砖混结构等不同的结构类型，对楼板的搭建要求也不同。这里为了作图方便、美观，楼板绘制原则是：外墙沿墙中心线绘制，内墙沿内墙边绘制。

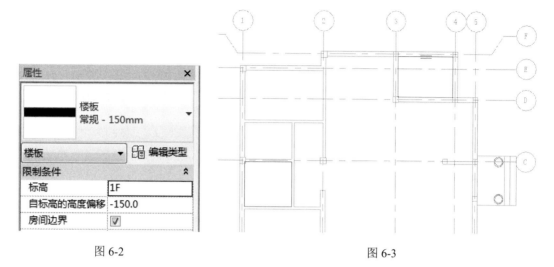

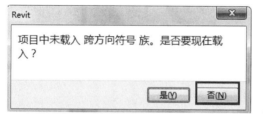

图 6-2

图 6-3

④ 点击"完成编辑模式" ✔，会弹出如图 6-4 所示对话框，在这里都点击"否"，最终完成楼板的绘制，如图 6-5 所示。

注："是否希望将高达此楼层标高的墙体附着到此楼层的底部？"如果选择"是"，楼板会和外墙产生关联，当以后对墙体进行编辑时，也会对楼板产生影响；如果选择"否"，那么以后对墙体做任何编辑时都不会对楼板产生影响，所以在这里选择"否"。

图 6-4

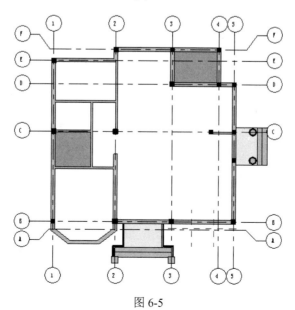

图 6-5

注意：绘制楼板时，楼板边界可以是多个闭合的轮廓，但一定要保证轮廓都是闭合的。如果不闭合，系统会弹出如图 6-6 所示的警告，此时点击"继续"，手动把轮廓线闭合方可完成楼板的创建。

图 6-6

⑤ 绘制剩余房间的楼板。在"建筑"选项卡下选择"楼板：建筑"，进入"创建楼板边界"界面，在"绘制"面板中选择"直线"绘制楼板边界；在"属性"面板中选择楼板类型为"常规-150mm"，"自标高的高度偏移"为"0"，如图 6-7 所示。

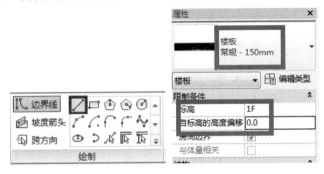

图 6-7

⑥ 开始绘制楼板边界。按图 6-8 所示绘制楼板边界。

⑦ 点击"完成编辑模式" ✔，在弹出的对话框中点击"否"，完成楼板的创建，如图 6-9 所示。

⑧ 一层楼板绘制完成后，进入二层平面视图，绘制楼板。同理选择建筑楼板，进入"创建楼板边界"界面，在"绘制"面板中选择"直线"，绘制如图 6-10 所示轮廓线。

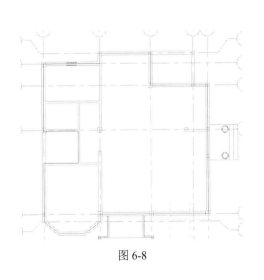

图 6-8

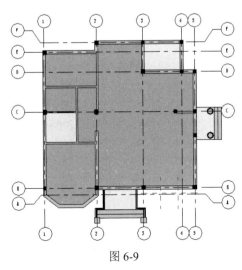

图 6-9

⑨ 在"属性"面板中选择楼板类型为"常规-150mm"，标高为"2F"，"自标高的高度偏移"为"0"，如图 6-11 所示。点击"完成编辑模式" ✔，弹出的对话框都点击"否"，最终完成楼板的绘制，如图 6-12 所示。

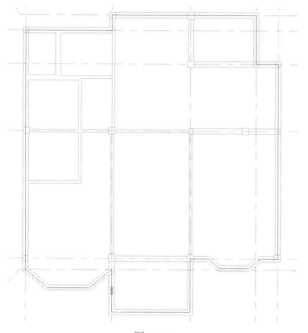

图 6-10

图 6-11

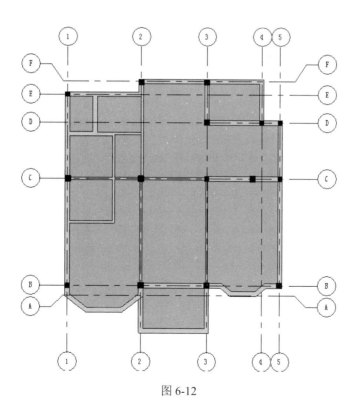

图 6-12

思考：

如果想对绘制好的楼板轮廓进行修改该怎么办呢？是删掉原来的楼板重新绘制吗？

答案是不需要，只需选中要修改的楼板，在"修改|楼板"面板下选择"编辑边界"，如图 6-13 所示，即可重返"编辑边界"的界面，此时可以根据自己的需要对楼板边界进行任意的修改。

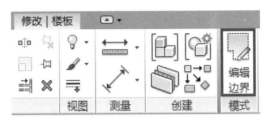

图 6-13

6.1.2 创建入口楼板

① 进入一层平面视图，选择建筑楼板，进入"创建楼板边界"界面，在"绘制"面板中选择"直线"绘制如图 6-14 所示轮廓线。

② 在"属性"面板中选择楼板类型为"常规-450mm"，标高为"1F"，"自标高的高度偏移"为"0"，点击"完成编辑模式" ✔，完成入口楼板的创建，如图 6-15 所示。

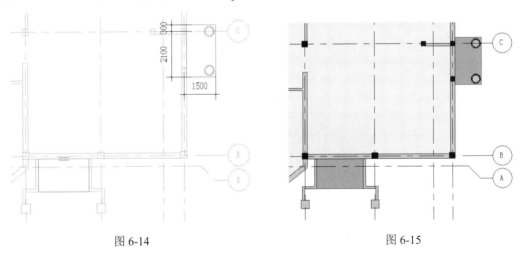

图 6-14　　　　　　　　　　　　　　　图 6-15

6.2 楼板边缘

① 点击"建筑"选项卡下"楼板"下拉列表中选择"楼板：楼板边"。在"属性"面板中选择楼板边缘类型"台阶"，如图 6-16 所示。

② 进入三维视图，点击楼板的上边缘线，生成台阶，如图 6-17 所示。

③ 另一个入口处也用此方法添加台阶，如图 6-18 所示。但这里需要手动拖动台阶的两

端到墙边，选中台阶出现两个小蓝点，分别拖动即可，完成如图6-19所示。

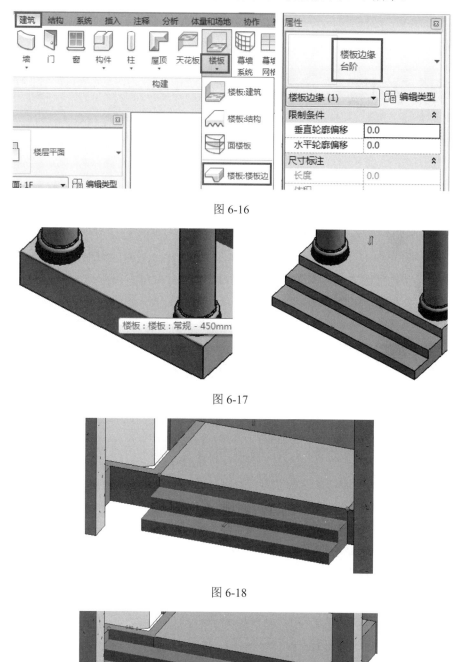

图 6-16

图 6-17

图 6-18

图 6-19

④ 至此，完成楼层楼板和入口楼板以及台阶的创建，保存文件。

第7章 门窗

插入没有主体的门窗

学习目标

① 了解门窗的表示方法。

② 掌握门窗的放置方法以及位置的调整。

③ 掌握门窗的编辑方法。

7.1 窗户的创建

7.1.1 添加窗户

① 接前面练习，进入一层平面图，点击"建筑"选项卡下"构建"面板中选择"窗"命令，开始放置窗户。

② 在"属性"面板中选择窗类型"C-0718"，通过"复制"创建一种新的窗类型"C-1518"，如图 7-1 所示，修改其"高度"和"宽度"的参数。

图 7-1

③ 激活"修改|放置　窗"选项卡中"标记"面板上"在放置时进行标记"命令，如图 7-2 所示，可以为放置的每个窗图元进行标记。

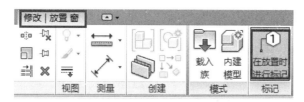

图 7-2

注意：若放置时忘记启用在放置时进行标记，可以单击注释选项卡中的按类别标记添加门窗标记，或者选中所有的门窗单击注释选项卡中的全部标记，在弹出的对话框中进行设置，如图 7-3 所示，然后单击确定。

图 7-3

④ 单击鼠标左键放置窗户，如图 7-4 所示，选中刚刚放置的窗户，激活临时尺寸，修改窗户距轴网之间的距离，如图 7-5 所示。

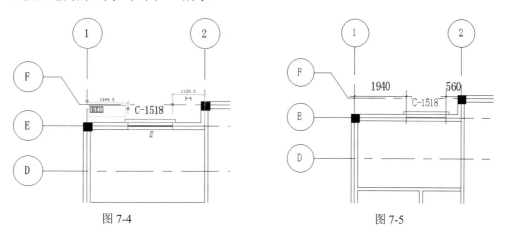

图 7-4　　　　　　　　　　　　　　　　图 7-5

⑤ 选择窗户类型为"C-2118"，输入"SM"可将窗户放在轴网 2 和轴网 3 之间墙体的中间位置，如图 7-6 所示。

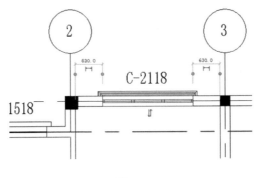

图 7-6

⑥ 接下来一层所有的窗户都按图 7-7 所示位置放置（注：项目中如果没有需要的窗户类型，可按照 7.1.1 节讲述的方法创建新的窗户类型）。

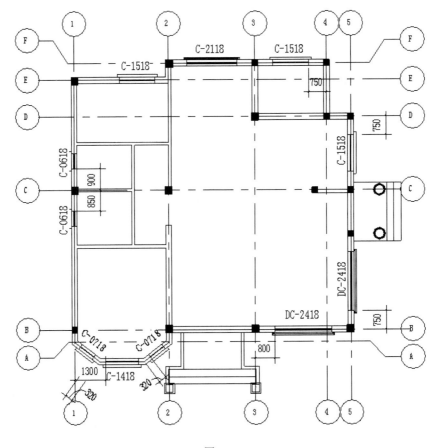

图 7-7

⑦ 二层的窗户放置方法也是如此，放置的位置及窗户类型如图 7-8 所示。

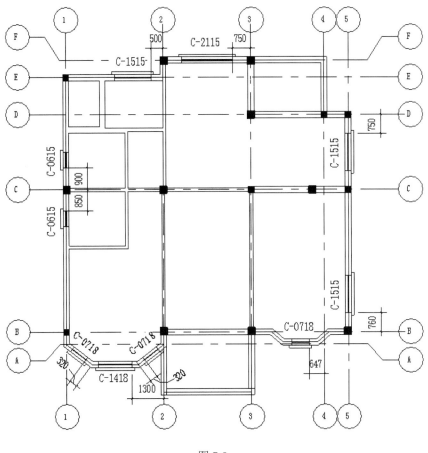

图 7-8

7.1.2　编辑窗户

① 放置窗户时，如果放置方向反了，则点击"翻转"箭头，如图 7-9，即可翻转窗户方向（或者按空格键直接翻转窗户方向）。

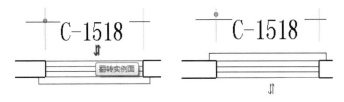

图 7-9

② 进入一层平面，选中所有的窗户：从左到右框选所有的图元，如图 7-10 所示。

③ 点击"修改|选择多个"选项卡下"选择"面板中的"过滤器"，如图 7-11 所示，弹出"过滤器"对话框，点击"放弃全部"，只勾选"窗"，如图 7-12 所示，在"属性"面板中修改"限制条件"为"底高度"800。

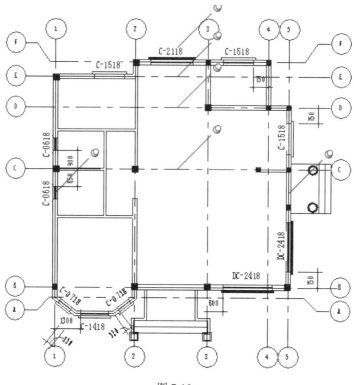

图 7-10

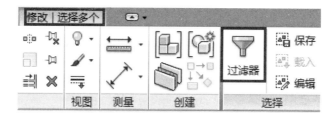

图 7-11

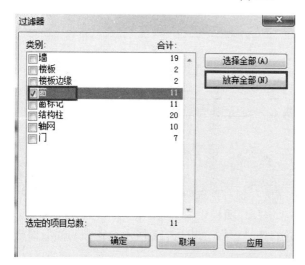

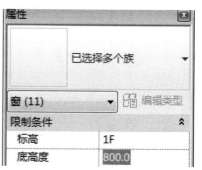

图 7-12

注：在 Revit 中"过滤器"是一种快速选择图元的工具。

④ 修改二层平面的窗户，选中所有的窗户，修改其"底高度"也为 800。

7.2　门的创建

① 门的添加和窗户的添加方法一样。进入一层平面，选择"建筑"选项卡中"构建"面板中的"门"命令，单击选择"在放置时进行标记"按钮，开始放置门，放置位置如图 7-13 所示。

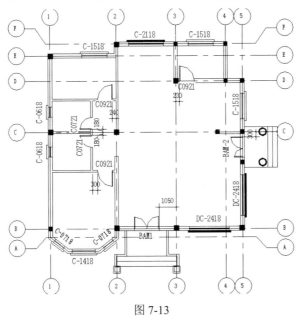

图 7-13

② 进入二层平面，选择"建筑"选项卡中"构建"面板中的"门"命令，单击选择"在放置时进行标记"按钮，门放置位置如图 7-14 所示。

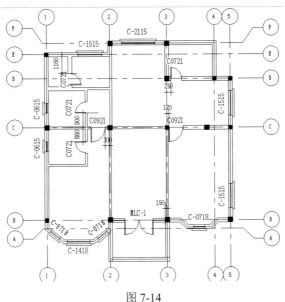

图 7-14

③ 在二层阳台口处2轴、3轴之间，B轴上放置一个门联窗，点击"插入"选项卡中的"从族库中载入"面板，载入族，弹出一个对话框，如图7-15所示，选择"Architecture"文件夹—"门"—"普通门"—"平开门"—"双扇"—"双扇平开连窗玻璃门2"，将其重命名为"MLC-1"，如图7-16所示。

图 7-15

图 7-16

注意：如果样板文件或者所做的项目中没有需要的门窗，则都可以通过"载入族"去库中找到需要的族载进来使用。

第8章 楼梯与扶手

学习目标

① 了解楼梯的踏步数与层高的换算关系。
② 掌握如何借助 CAD 图纸创建 revit 楼梯模型的方法。
③ 掌握楼梯与扶手的绘制和编辑。

按构件绘制楼梯

8.1 创建楼梯

8.1.1 创建楼梯

① 接上节练习，进入一层平面视图。由于本项目中的楼梯为异形楼梯，为了便于绘制，我们可以参照 CAD 去绘制。

② 单击"插入"选项卡下面的"导入 CAD"，如图 8-1 所示。打开课件自带的"CAD 图纸"文件夹找到"二层平面图"CAD，设置导入 CAD 的一些参数如图 8-2 所示。单击"打开"按钮即可把 CAD 导入 revit 中。

图 8-1

③ 打开之后，会发现 CAD 图纸没有和我们的 revit 模型对应在一起，所以需要手动调整 CAD 的位置，选中 CAD 图纸，单击"修改"面板中的"移动"命令，捕捉 CAD 图纸轴网 1 和轴网 F 的交点处，移动到 revit 模型中轴网 1 和轴网 F 交点处，完成 CAD 图纸的位置调整。

④ CAD 图纸调整完成后，找到楼梯位置，如图 8-3 所示，接下来开始绘制楼梯草图。

⑤ 单击"建筑"选项卡下"楼梯坡道"面板上的"楼梯"按钮，在下拉列表中选择"楼梯（按草图）"，如图 8-4 所示。

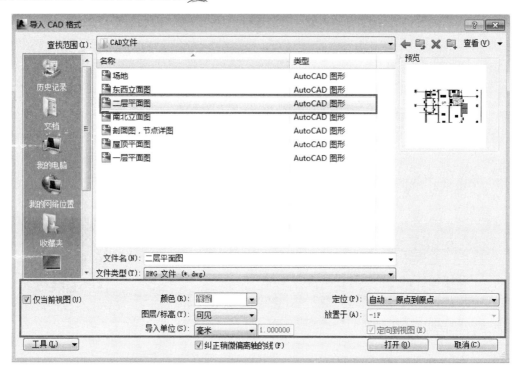

图 8-2

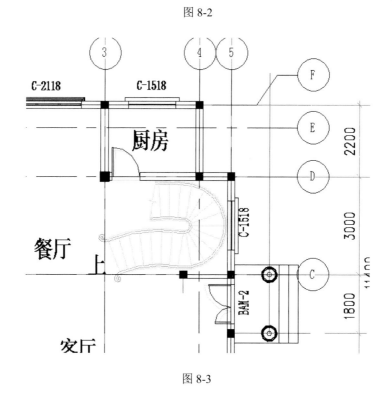

图 8-3

　　注意：在 revit 中，楼梯的绘制有两种方法，一种是"楼梯（按构件）"，另一种是"楼梯（按草图）"，前者绘制的楼梯是软件预设好的，相当于在工厂预制好了在现场直接安装，不便于后期对楼梯的修改编辑；后者绘制的楼梯运用比较灵活，相当于我们自己设计好楼梯样式，然后成型。对于后期楼梯的编辑很方便，所以一般绘制楼梯会选择第二种方式。

⑥ 在"属性"面板中设置楼梯参数，选择楼梯类型为"楼梯-整体式楼梯"，"限制条件"和"尺寸标注"参数设置如图8-5所示。

图8-4　　　　　　　　　　　　　　图8-5

⑦ 单击楼梯命令后，软件进入"创建楼梯草图"工作界面，在"绘制"面板中有"梯段"、"边界"、"踢面"三个选项，如图8-6所示。

注意：选择"梯段"可以直接去绘制楼梯，"梯段"绘制出来的楼梯草图包括下面的"边界"和"踢面"，一般用"梯段"可以绘制直梯、弧形楼梯等；"边界"和"踢面"不能单独绘制形成楼梯，只有两者结合才能形成楼梯，一般创建异形楼梯时用"边界"和"踢面"去绘制比较方便，在本项目中就用到了"边界"和"踢面"去绘制楼梯。

⑧ 选择"边界"，单击"拾取线"，如图8-7所示，拾取CAD图纸中边界处完成楼梯边界的绘制，如图8-8所示。

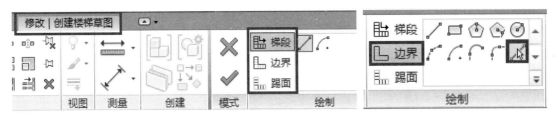

图8-6　　　　　　　　　　　　　　图8-7

87

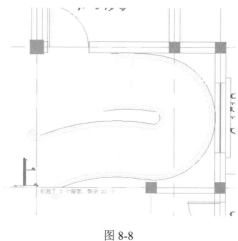

图 8-8

⑨ 选择"踢面",单击"拾取线",从左下方开始拾取 CAD 图纸中踢面,完成楼梯踢面的绘制,如图 8-9 所示。

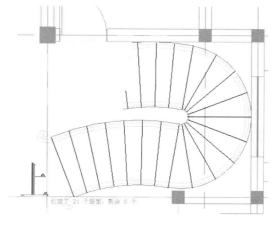

图 8-9

⑩ 用"修剪/延伸为角"命令 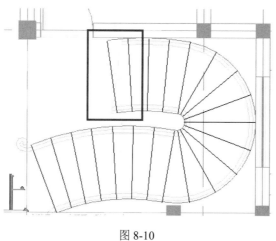,修剪楼梯边界和踢面断开处,完成如图 8-10 所示。

图 8-10

⑪ 至此，完成了楼梯草图的绘制。设置楼梯扶手类型，单击"栏杆扶手"按钮，设置栏杆类型为"1100mm"，如图 8-11 所示，单击"模式"面板中"完成编辑模式" ✔，最终完成楼梯的绘制。

图 8-11

⑫ 楼梯绘制完成，仔细观察会发现绘制完成的楼梯和 CAD 图纸中楼梯的方向反了，如图 8-12 所示，此时直接单击图 8-13 中的小箭头即可改变楼梯方向。

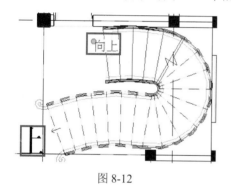

图 8-12

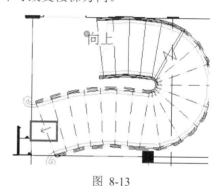

图 8-13

思考：如果此时想在三维视图中查看刚刚绘制好的楼梯，进入三维会发现楼梯藏在了房间里面，那么应该怎么办呢？

进入三维视图后，在"属性"面板中找到"范围"参数栏中的"剖面框"选项，如图 8-14 所示，在其后面的方框内单击鼠标勾选上，此时会发现绘图区域中出现了一个长方体的剖面框，选中剖面框可以任意拖动剖面框边界的位置，如图 8-15 所示，将剖面框的边界拖动到楼梯所在位置，即可在三维视图看到室内的楼梯（注：如果想隐藏剖面框取消勾选即可）。

图 8-14

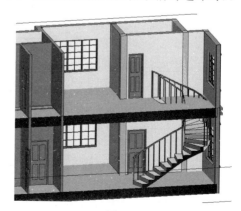

图 8-15

8.1.2 编辑楼梯

因为此建筑为两层，所以上到二楼楼梯就已经完成，此时需要对楼板进行编辑，此操作方法在第 6 章已经介绍，在这就不再叙述，编辑结果如图 8-16 所示。

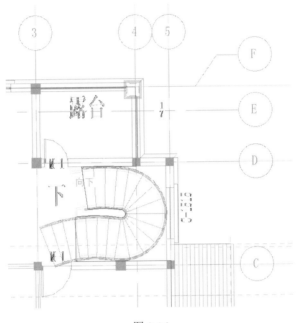

图 8-16

下面需要在二层的楼梯转弯处进行安全扶手的绘制，把视图切换到二层平面，单击栏杆扶手/绘制路径，单击属性对话框栏杆扶手，复制一个 1200mm 的栏杆扶手（前边已经讲过复制方法，在这里不再叙述），设置为默认扶手。其绘制路径如图 8-17 所示。

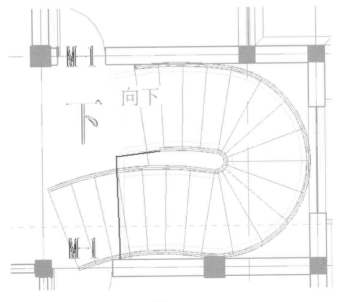

图 8-17

单击"模式"面板中"完成编辑模式" ✅，最终完成扶手的绘制。最终完成楼梯如图 8-18 所示。

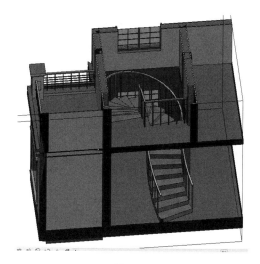

图 8-18

注意：楼梯绘制完成后，导入 revit 中的 CAD 如果不再需要，可把 CAD 直接隐藏，操作如下。

进入平面视图，在"属性"面板中单击"可见性/图形替换"后面的"编辑"按钮，在弹出的对话框中单击"导入的类别"按钮，在"可见性"栏中把要隐藏的 CAD 前面的小对钩取消勾选，即可隐藏 CAD，如图 8-19 所示。

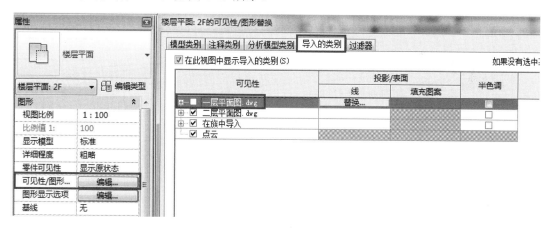

图 8-19

8.2 创建扶手

8.2.1 创建一层入口扶手

① 接上节练习，进入一层平面视图。在"建筑"选项卡"楼梯坡道"面板上"栏杆扶

手"下拉菜单中选择"绘制路径"命令，如图 8-20 所示，进入"创建栏杆扶手路径"界面。

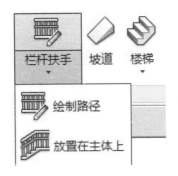

图 8-20

② 在"属性"面板中选择栏杆类型为"900mm"，点击"编辑类型"按钮进入"类型属性"编辑器界面，通过"复制"创建新的栏杆类型"750mm"，如图 8-21 所示。

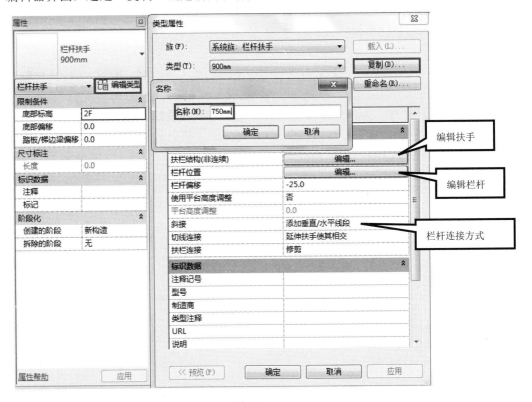

图 8-21

③ 样板文件中只有轮廓"M__矩形扶手"，复制一种新的轮廓，选择"项目浏览器"中的"族"，找到"轮廓"族，选择"M__矩形扶手"下的"50×50mm"右击"类型属性"，复制一个新的轮廓族"15×15mm"，修改其参数如图 8-22 所示。

④ 设置扶手参数。点击"类型属性"对话框中"扶栏结构（非连续）"后面的"编辑"按钮，如图 8-23 所示。进入"编辑扶手（非连续）"界面，可编辑扶手的轮廓、材质、高度等。也可以通过复制、删除、向上、向下等命令调整扶手的数量以及上下位置，按图 8-24 所示设置扶手参数。点击"确定"完成扶手参数的设置。

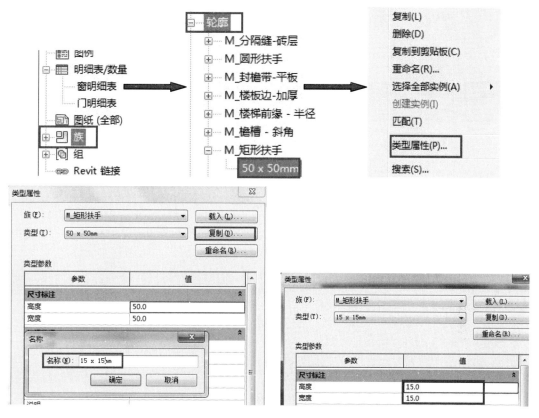

图 8-22

图 8-23

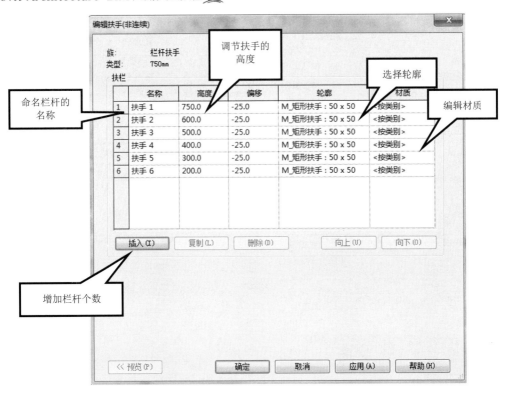

图 8-24

⑤ 设置栏杆参数。单击"扶手位置"后面的"编辑",进入"编辑栏杆位置"界面,如图 8-25 所示,即可选择栏杆族、栏杆的位置和高度。

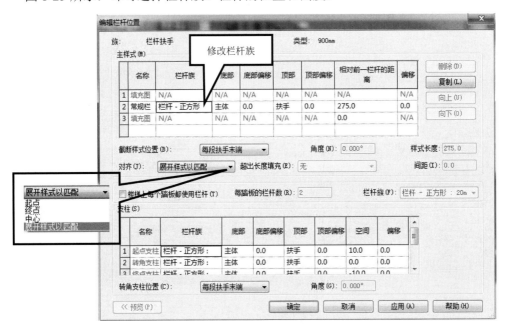

图 8-25

⑥ 开始绘制栏杆,在一层入口处绘制如图 8-26 所示栏杆路径。

⑦　路径绘制完成，点击"完成编辑模式"按钮✔，一段栏杆绘制完成，如图 8-27
所示。

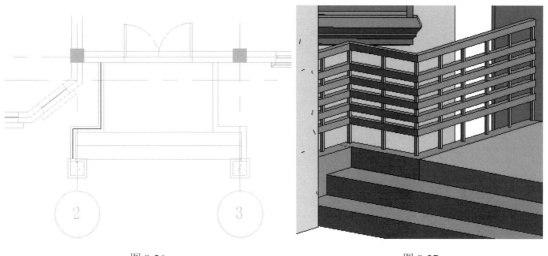

图 8-26　　　　　　　　　　　　　　　　　　　图 8-27

⑧　继续绘制另一边的栏杆（注：栏杆路径必须是一条连续的线段，所以入口处左右两
边的栏杆必须分开绘制），绘制方法同上。绘制完成主要扶手旁边的"翻转"符号，点击可以
翻转扶手方向，如图 8-28 所示。

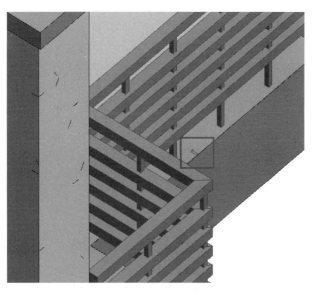

图 8-28

8.2.2　创建二层阳台扶手

①　进入二层平面视图，选择栏杆类型为"900mm"，编辑扶手参数如图 8-29 所示，设置
完成绘制栏杆路径，方法同上。

编辑扶手(非连续)

族: 栏杆扶手
类型: 900mm

扶栏

	名称	高度	偏移	轮廓	材质
1	扶手 1	900.0	-25.0	M_矩形扶手 : 50 x 50	<按类别>
2	扶手2	700.0	-25.0	M_矩形扶手 : 15 x 15	<按类别>
3	扶手3	600.0	-25.0	M_矩形扶手 : 15 x 15	<按类别>
4	扶手4	500.0	-25.0	M_矩形扶手 : 15 x 15	<按类别>
5	扶手5	400.0	-25.0	M_矩形扶手 : 15 x 15	<按类别>
6	扶手6	300	-25.0	M_矩形扶手 : 15 x 15	<按类别>

图 8-29

② 绘制路径和完成效果，如图 8-30 所示。

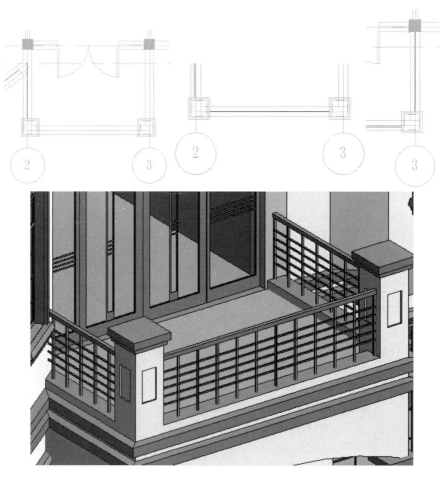

图 8-30

注意：绘制扶手时只能绘制一条线，不连接的线无法同时绘制，上面三个栏杆需要绘制三次。

③ 绘制二层东北角处的栏杆，绘制方法如上。至此，所有的栏杆已经绘制完成，如图 8-31 所示。

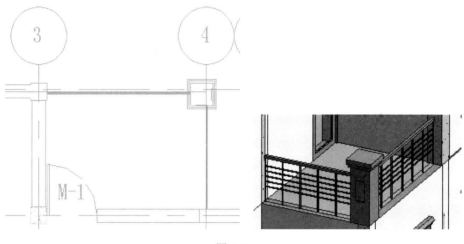

图 8-31

第 9 章 屋顶

学习目标

① 了解创建屋顶的几种方法。
② 掌握迹线屋顶与拉伸屋顶的绘制方法以及编辑方法。

9.1 屋顶的创建与编辑（一）

9.1.1 屋顶的基本知识

① 在"建筑"选项卡下"构建"面板中"屋顶"命令。

② "屋顶"命令的下拉菜单中有三种创建屋顶的方法："迹线屋顶"、"拉伸屋顶"、"面屋顶"，依附于屋顶进行放样的命令有："屋檐：底板"、"屋顶：封檐带"、"屋顶：檐槽"。如图 9-1 所示。

> 迹线屋顶：通过创建屋顶边界线，定义边线属性和坡度的方法创建各种常规坡屋顶和平屋顶。

> 拉伸屋顶：当屋顶的横断面有固定形状时可以用拉伸屋顶命令创建。

> 面屋顶：异型的屋顶可以先创建参照体量的形体，再用"面屋顶"命令拾取面进行创建。

9.1.2 屋顶的创建与编辑

下面来绘制案例小别墅的屋顶，完成的效果如图 9-2 所示。

如图 9-3 所示为小别墅屋顶的定位图。

注意：关于屋顶的定位我们在课件中附带了屋顶迹线定位的 CAD 文件，供大家参考。

① 首先在项目浏览器中双击"3F"进入 3F 的平面视图，然后编辑 3F 的视图属性，将"基线"调整为"3F"，如图 9-4 所示。

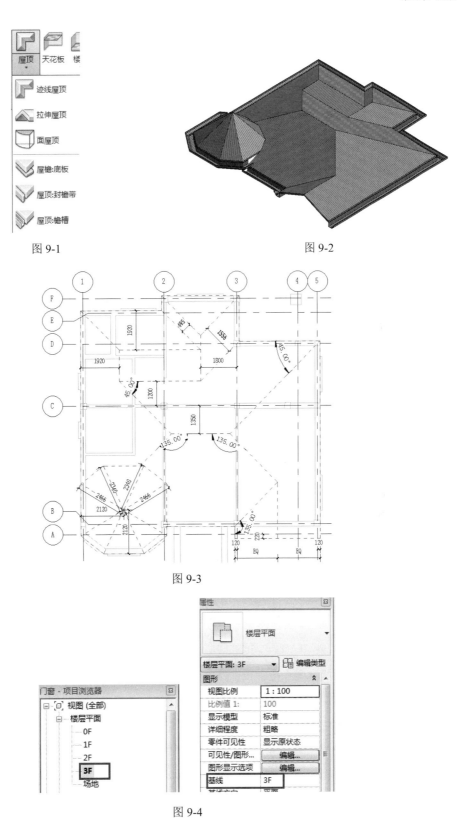

图 9-1　　　　　　　　　　　　　　　　　图 9-2

图 9-3

图 9-4

② 参照课件提供的 CAD 图纸，点击"插入"选项卡下的"导入 CAD"，如图 9-5 所示，找到课件中的"CAD 文件"，打开图纸"屋顶平面图"，如图 9-6 所示，CAD 导入 revit 后，调整 CAD 的位置和 revit 模型相对应。

图 9-5

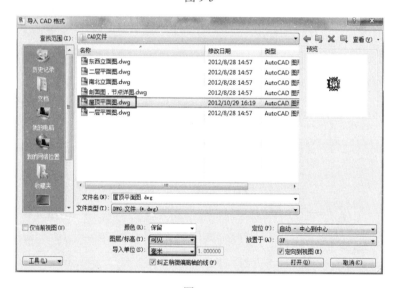

图 9-6

由于本项目的屋顶不能一次绘制完成，所以需要分块来完成，下面先来绘制第一块屋顶。

③ 在"建筑"面板中点击"屋顶"下拉列表中"迹线屋顶"命令，如图 9-7 所示，进入屋顶草图编辑模式。

④ 选取"绘制"面板中的"直线"命令，如图 9-8 所示。

图 9-7

图 9-8

⑤ 对选项栏进行设置，坡度定义为 30°，如图 9-9 所示。

图 9-9

⑥ 在"属性"面板中设置迹线屋顶的实例属性，如图 9-10 所示，设置完成后点击"属

性”面板右下角的“应用”按钮。

⑦ 参照导入进来的 CAD 图纸，绘制如图 9-11 所示的迹线。

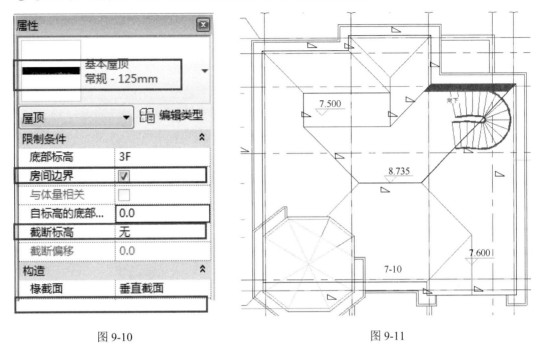

图 9-10　　　　　　　　　　　　图 9-11

⑧ 选中蓝色显示的线条，将选项栏中“定义坡度”选项前面的对钩取消勾选，如图 9-12 所示，此时被选中的迹线上坡度符号即被取消，如图 9-13 所示。

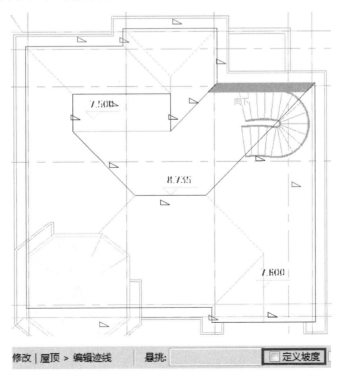

图 9-12

101

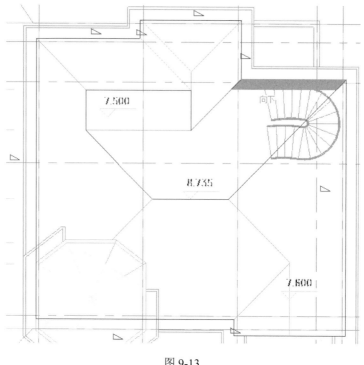

图 9-13

注意：一定要注意观察所绘制的迹线，哪条线上定义了坡度，哪条迹线上取消了坡度。

⑨ 绘制一条参照平面，如图 9-14 所示，在"修改"面板中选择"拆分图元"命令 ，鼠标变成一个小刀子的图标，此时把鼠标放在参照平面与迹线相交的交点处点击左键，此时轴网 2 和轴网 3 之间的迹线被分割成了两段，并出现两个坡度符号，如图 9-15 所示。

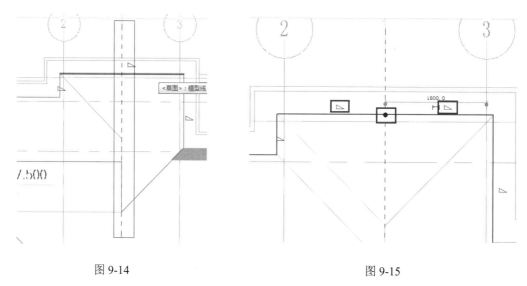

图 9-14   图 9-15

⑩ 绘制完成后点击"完成编辑模式" ，完成屋顶的绘制，三维效果如图 9-16 所示。

⑪ 按照上述的方法参照 CAD 创建第二块坡迹线屋顶，如图 9-17 所示。

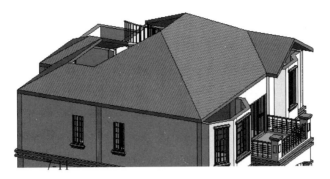

图 9-16

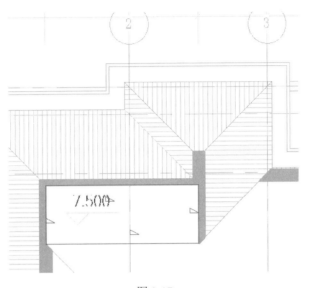

图 9-17

⑫ 选中四条迹线，同上面方法，取消"定义坡度"的勾选，完成如图 9-18 所示。在"属性"面板中修改屋顶的高度，如图 9-19 所示。

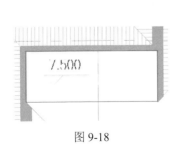

图 9-18

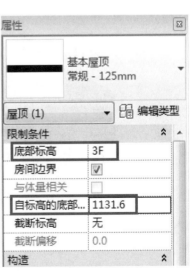

图 9-19

103

⑬ 点击"完成编辑模式" ✔ ，完成屋顶的绘制。

⑭ 参照 CAD，绘制第三块屋顶的迹线，如图 9-20 所示。按图 9-21 所示，选中蓝色迹线，取消"定义坡度"的勾选，点击"完成编辑模式" ✔ ，完成屋顶绘制，结果如图 9-22 所示。

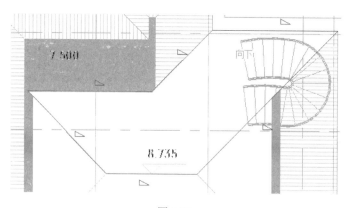

图 9-20

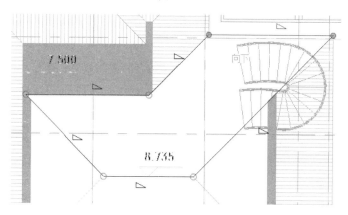

图 9-21

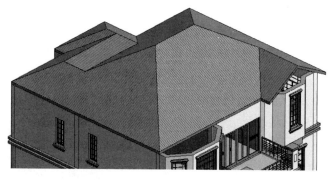

图 9-22

⑮ 创建尖角屋顶。转到 3F 平面视图，进入屋顶的迹线编辑模式，绘制如图 9-23 所示迹线，并取消"定义坡度"的勾选。

⑯ 同时修改屋顶的实例属性参数，如图 9-24 所示。

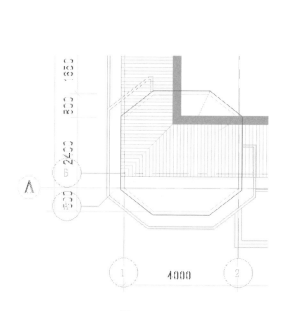

图 9-23

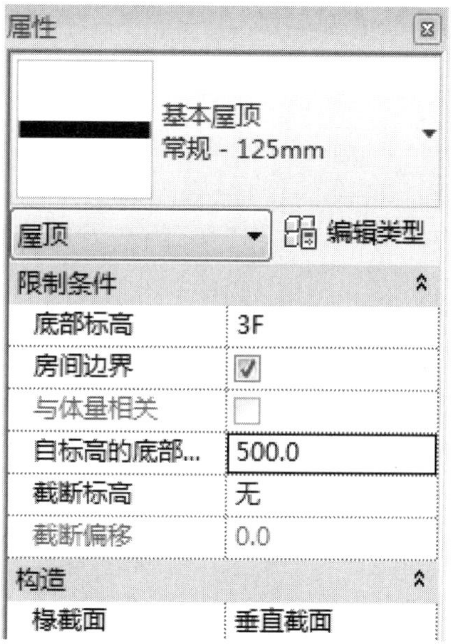

图 9-24

⑰ 点击"完成编辑模式" ✔，完成屋顶的创建，效果如图 9-25 所示。

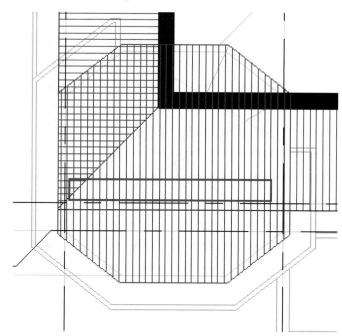

图 9-25

⑱ 选中刚刚绘制的屋顶，点击"修改|屋顶"选项卡下，"形状编辑"面板中的"添加分割线"命令，如图 9-26 所示。

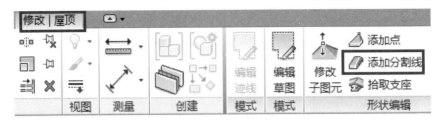

图 9-26

⑲ 按图 9-27 所示添加两条分割线,同时会发现中间也增加了一个点图元。

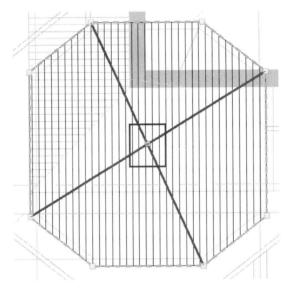

图 9-27

⑳ 在"形状编辑"面板中点击"修改子图元"命令 ，用鼠标点击刚刚出现的点图元,并修改点的高程为 2000,如图 9-28 所示。

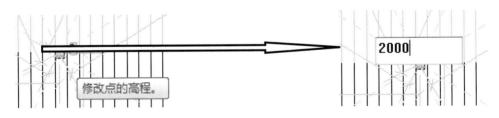

图 9-28

㉑ 关闭弹出的警告框,如图 9-29 所示。

图 9-29

㉒ 观察三维效果如图 9-30 所示。

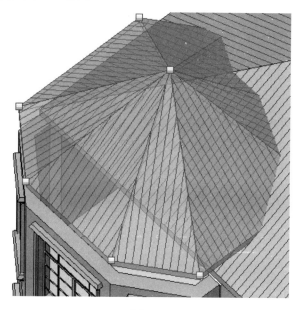

图 9-30

至此，小别墅屋顶的大体模型搭建完成。在三维视图观看会发现，尖角屋顶和坡屋顶有重叠的部分，所以接下来就要对屋顶做进一步的编辑。

㉓ 进入三维视图，点击"修改"面板，在"几何图形"选项卡中点击"连接"命令，然后鼠标分别点击尖角屋顶和坡屋顶，使两个屋顶的交接处连接在一起。

㉔ 选中尖角屋顶和坡屋顶，点击"视图控制栏"中的"临时隐藏/隔离"按钮，如图 9-31 所示，选中"隔离图元"命令，此时绘图区域就只显示选中的屋顶，其他图元都被隐藏了（注：用这种方法可以单独隔离图元，便于对选定的图元进行编辑，编辑完成后，点击"重设临时隐藏/隔离"即可将所有图元显示）。

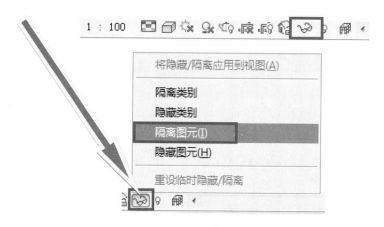

图 9-31

㉕ 点击"建筑"面板下"洞口"选项卡中的"垂直"命令，如图 9-32 所示。

㉖ 鼠标点击尖角屋顶，开始绘制洞口轮廓，在"绘制"选项中选择"拾取线"命令绘制（为方便在三维视图中绘制洞口轮廓，建议点击"方向控制盘"的"下"，进入三维视图中

的底视图），洞口轮廓如图 9-33 所示。

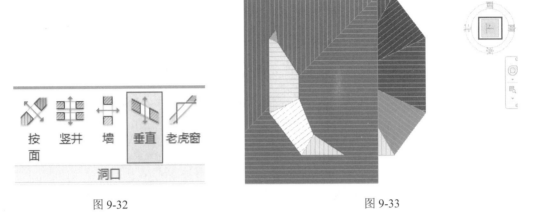

图 9-32 图 9-33

㉗ 洞口轮廓绘制完成后，点击"完成编辑模式" ✔，对比绘制洞口前后的效果如图 9-34 所示。

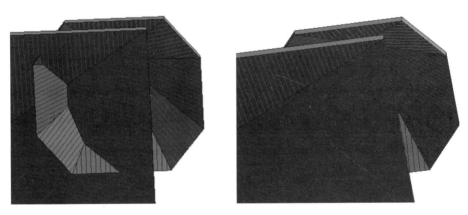

图 9-34

㉘ 同样的方法点击"垂直"命令，鼠标点击坡屋顶，在坡屋顶上开洞。洞口轮廓如图 9-35 所示。

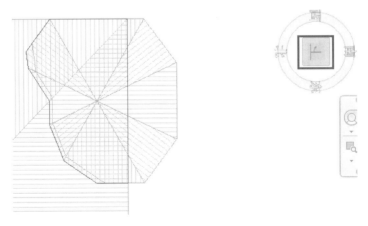

图 9-35

㉙　点击"完成编辑模式" ，完成效果如图 9-36 所示。

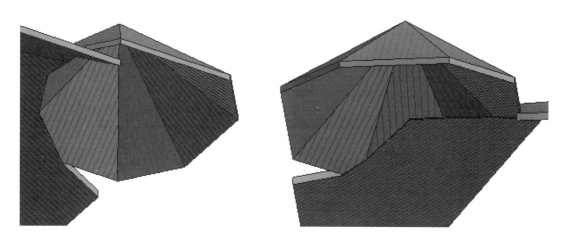

图 9-36

㉚　接下来需要把尖角屋顶下面的墙体以及柱子附着到屋顶上，选中如图 9-37 所示墙体，点击"修改|墙"选项卡下"附着顶部/底部"命令 ，然后点击鼠标左键拾取尖角屋顶，墙体即附着到屋顶上，完成如图 9-38 所示。

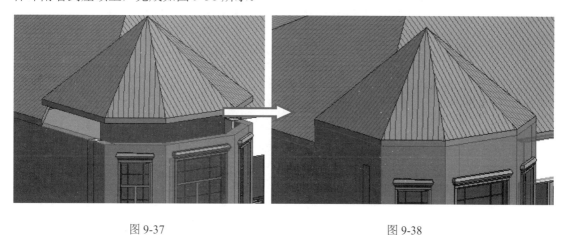

图 9-37　　　　　　　　　　　　　　　　　图 9-38

㉛　同理，选中柱子，选择"附着顶部/底部"命令，在选项栏中设置"附着对正"为：最大相交，如图 9-39 所示，拾取屋顶附着。

图 9-39

㉜　选择如图 9-40 所示墙体，选择"附着顶部/底部"命令附着到坡屋顶上；柱子的附着同上。完成如图 9-41 所示。

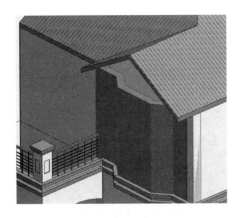

图 9-40

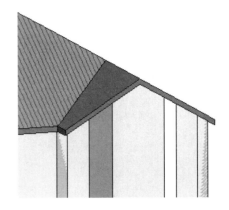

图 9-41

㉝ 最终完成效果如图 9-42 所示。

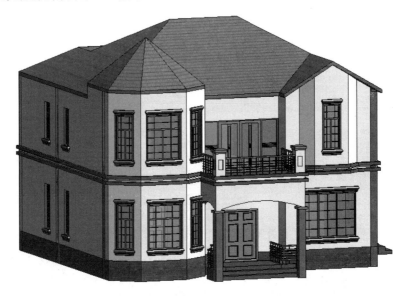

图 9-42

9.2 内建模型

用"内建模型"命令对屋顶进行细部处理。

① 点击"建筑"选项卡,"构建"面板,"构件"命令下"内建模型"命令,如图 9-43 所示。

② 在弹出的"族类别和参数"对话框中,选择"屋顶",如图 9-44 所示。

③ 名称:"屋顶-细部",如图 9-45 所示。

④ 在"创建"面板下找到"工作平面"选项卡中"设置"命令,点击拾取一个工作平面如图 9-46 所示,然后点击拾取屋顶的侧面,如图 9-47 所示。

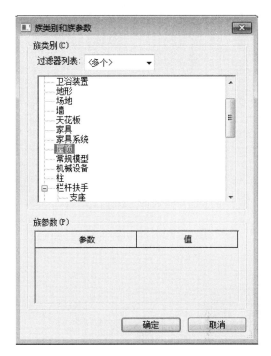

图 9-43　　　　　　　　　　　　　　　　图 9-44

图 9-45

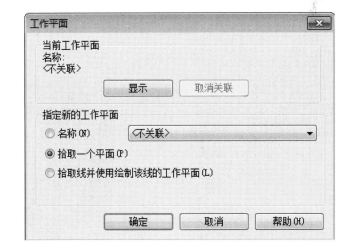

图 9-46

⑤ 在"创建"面板中选择"拉伸"命令，编辑轮廓，如图 9-48 所示，然后在三维视图中绘制如图 9-49 所示三角形。

图 9-47

图 9-48

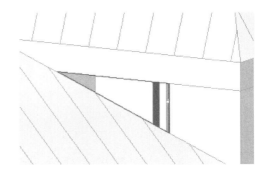

图 9-49

⑥ 在"属性"面板中修改拉伸数值，如图 9-50 所示。

⑦ 两次完成后单击 ✔ ⟹ 完成模型，最终效果如图 9-51 所示。

图 9-50

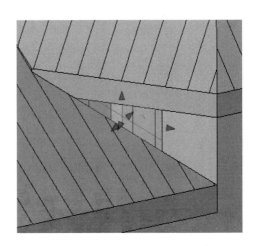

图 9-51

下面用"檐沟"命令为小别墅添加檐沟。

⑧ 首先,载入"檐沟轮廓"族文件,如图9-52所示。

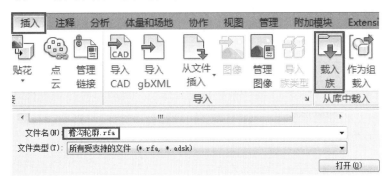

图 9-52

⑨ 点击"屋顶"下拉列表中"屋顶:檐槽"命令,如图9-53所示。

⑩ 编辑檐槽属性,如图9-54所示。

图 9-53   图 9-54

⑪ 设置完毕后拾取屋顶下边缘线,即可完成檐沟的创建,如图9-55所示。

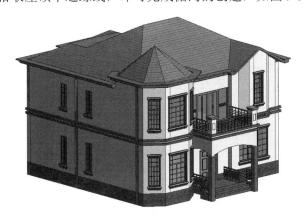

图 9-55

至此，上部屋顶创建完毕。

9.3 屋顶的创建与编辑（二）

下面来学习拉伸屋顶的创建。

① 首先进入"东"立面视图，如图 9-56 所示。

② 利用"参照平面"为拉伸屋顶的横断面定位，如图 9-57 所示。

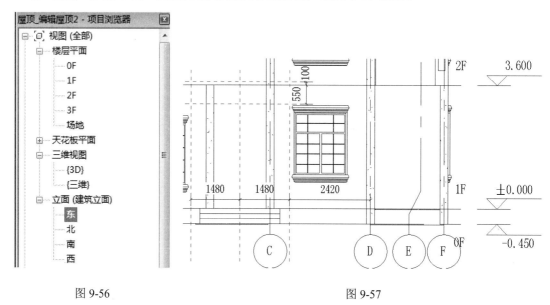

图 9-56   图 9-57

③ 在"屋顶"下拉列表中选择"拉伸屋顶"，如图 9-58 所示。

④ 弹出"工作平面"对话框，如图 9-59 所示，设置东立面的外墙为当前的工作平面，如图 9-60 所示，选择 3F，如图 9-61 所示点击确定。

图 9-58

图 9-59

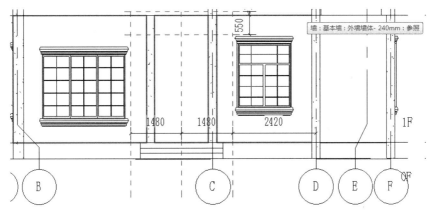

图 9-60

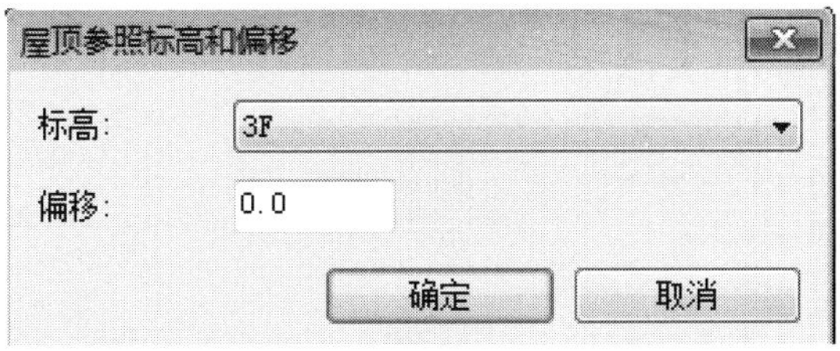

图 9-61

⑤ 编辑屋顶的截面及属性，如图 9-62 所示。

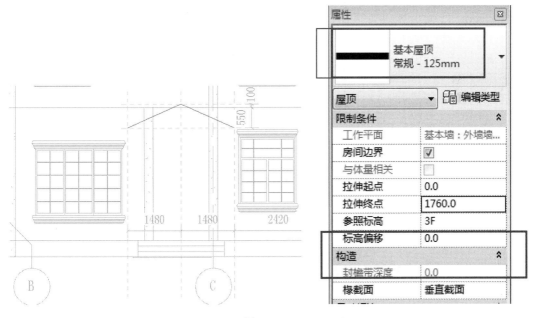

图 9-62

⑥ 点击"完成编辑模式" ，三维效果如图 9-63 所示。

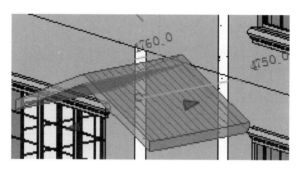

图 9-63

⑦ 进入 1F 楼层平面，选择"基本墙-常规 200mm"墙体，设置实例属性如图 9-64 所示，绘制三段墙体，如图 9-65 所示。

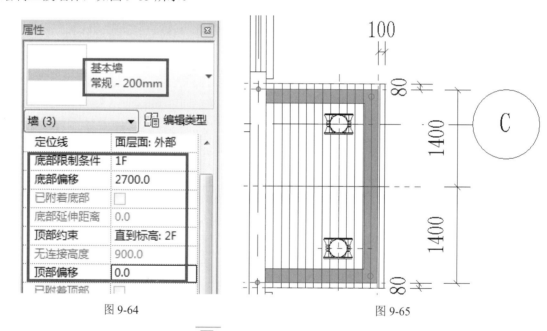

图 9-64

图 9-65

⑧ 将新绘制的三段墙体附着 到拉伸屋顶的底部，如图 9-66 所示。

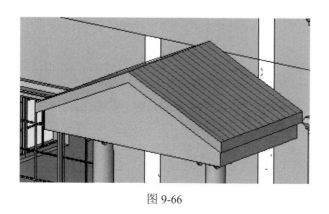

图 9-66

图 9-67

⑨ 进入 1F 天花板平面，如图 9-67 所示，绘制天花板，在"建筑"面板下点击"天花板"命令，在"天花板"选项卡下选择"绘制天花板"，如图 9-68 所示。

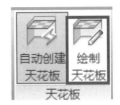

图 9-68

⑩ 设置天花板属性，如图 9-69 所示。

⑪ 编辑天花板轮廓，如图 9-70 所示。

图 9-69

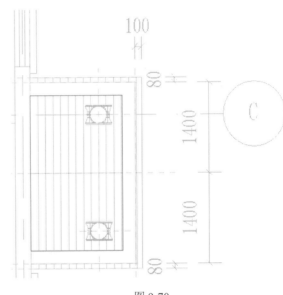

图 9-70

⑫ 点击"完成编辑模式" 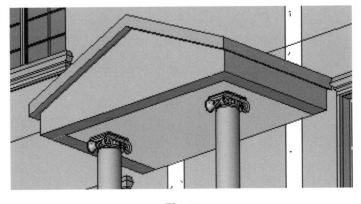 完成天花板的绘制，三维效果如图 9-71 所示。

图 9-71

⑬ 至此，完成屋顶的创建和编辑，整体效果如图 9-72 所示。

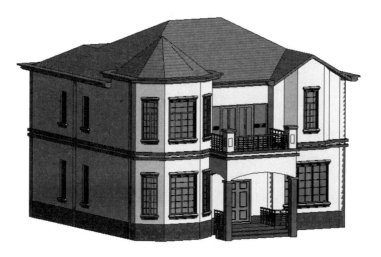

图 9-72

第10章 洞口

贴在一起的墙体

开门窗洞口

学习目标

① 掌握洞口的创建方法与编辑方法。

② 掌握老虎窗的绘制方法。

10.1 楼板的开洞

① 接上节练习，进入二层平面视图，选中二层楼板，点击"修改|楼板"面板中"编辑边界"命令，如图 10-1 所示，进入编辑楼板编辑界面。

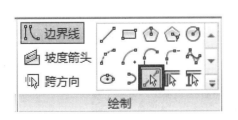

图 10-1

② 在"绘制"面板中选择"拾取线"，拾取楼梯边界如图 10-2 所示。

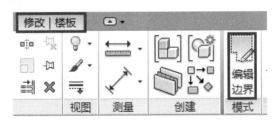

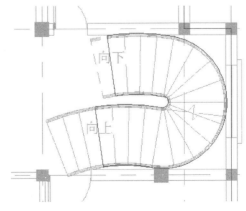

图 10-2

③ 点击"完成编辑模式"按钮 ✔，弹出图 10-3 所示对话框，点击"否"，完成楼板的开洞。

【开洞小论】

在"建筑"选项卡中"洞口"面板下有 5 个洞口命令，不同的命令用法和功能也有所不同，如图 10-4 所示。

图 10-3

图 10-4

10.2 按面洞口

按面：可以创建一个垂直于屋顶、楼板、天花板选定面的洞口。

单击洞口面板上的"按面"命令，任意拾取屋顶、楼板、天花板等任意一个面，绘制面洞口形状，点击 ✔ 完成。如图 10-5 所示。

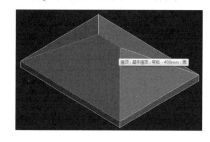

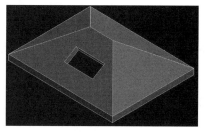

图 10-5

（1）竖井洞口

竖井：可以创建一个跨多个标高的垂直洞口，贯穿其间的屋顶、楼板和天花板进行剪切。

单击洞口面板上的"竖井"命令，进入绘制形状阶段，点击 ✔ 完成，如图 10-6 所示。

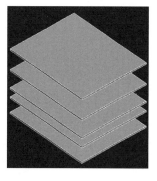

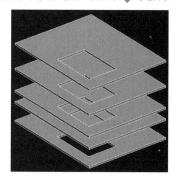

图 10-6

选择刚刚绘制的竖井，可修改其标高，如图10-7所示。

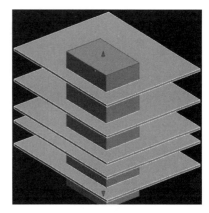

图 10-7

（2）墙洞口

墙：可以在直墙或弯曲墙中剪切一个矩形洞口。

单击洞口面板上的"墙"命令，然后选择所要开洞的墙体，在弯曲或者直墙上面挖出一个矩形的洞口，如图10-8所示。

注意：选择此洞口可以修改此洞口轮廓的大小，删除洞口即可恢复原来的墙体。

（3）垂直洞口

垂直：可以剪切一个贯穿屋顶、楼板或天花板的垂直洞口。

单击洞口上的"垂直"命令，然后选择所要剪切的图元，绘制洞口形状，点击"完成编辑模式" ✔，完成洞口的创建，如图10-9所示。

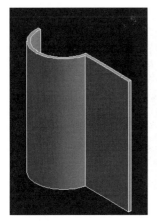

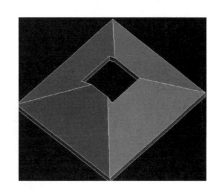

图 10-8   图 10-9

注意：垂直洞口与按面洞口的区别，"垂直洞口"是与标高平面垂直，"按面洞口"是与选中的图元表面保持垂直。

10.3 老虎窗制作

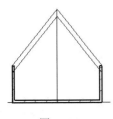

图 10-10

老虎窗：可以剪切屋顶以便为老虎窗创建洞口。

首先在平面上绘制一个"迹线屋顶"，进入立面，在"迹线屋顶"上绘制一个"拉伸屋顶"。

点击"修改"选项卡"几何图形"面板中"连接/取消连接屋顶"命令，如图 10-10 所示。

选择"拉伸屋顶"伸出去的那条边，然后再选择"迹线屋顶"被对齐的那个面，连接两个屋顶，最后效果如图 10-11 所示。

图 10-11

进入平面中，将视图调成"线框"模式，选择"常规-100mm"的墙体类型，定位线为"面层-内部"，开始绘制如图 10-12 所示三面墙体。

进入三维视图，选择刚刚绘制的三面墙体，点击右上角"修改墙"面板中"附着顶部/底部"命令，选择左上角"附着墙：顶部"，如图 10-13 所示，再选择拉伸屋顶，将其顶部附着到拉伸屋顶上。

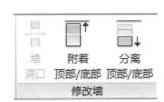

图 10-12

图 10-13

再次选择刚刚绘制的那三面墙，点击"附着顶部/底部"，选择"附着墙：底部"，然后选择"迹线屋顶"。将其底部附着到"迹线屋顶"上。最后结果如图 10-14 所示。

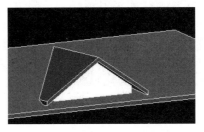

图 10-14

第11章 尺寸标注的添加与图框创建

尺寸标注为 0 时
如何解决

学习目标

① 掌握对平面图尺寸标注的添加方法。
② 理解图框的形式与如何添加图框。

11.1 尺寸标注的添加

① 接上节练习，进入一层平面视图。单击建筑选项卡，绘制墙体如图 11-1 所示。

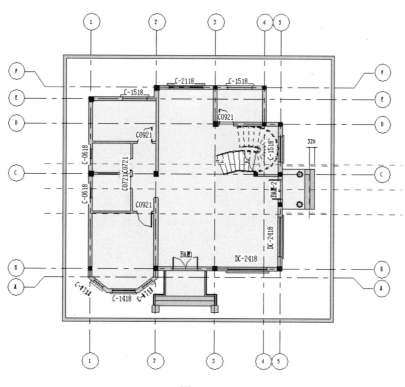

图 11-1

② 单击注释选项卡中的对齐命令，并在上文选项卡选择中进行标注设置，拾取为整个墙体，选项中选择相交轴网，如图 11-2 所示。

③ 单击墙体完成轴网之间的标注，完成后删除墙即可。如图 11-3 所示。

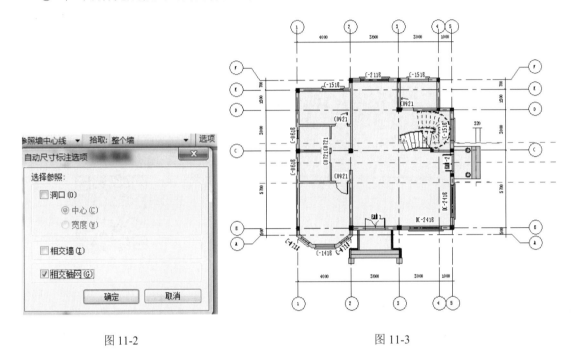

图 11-2   图 11-3

④ 选中注释选项卡中对齐命令，在选项卡的选项里勾选洞口、宽度和相交轴网。标注墙体上的门窗洞口宽度，如图 11-4 所示。

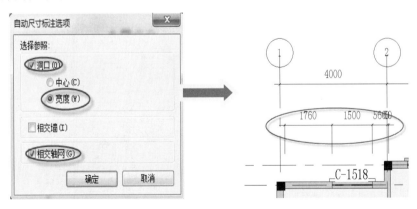

图 11-4

⑤ 选中刚刚绘制的标注，在修改选项卡中单击编辑尺寸界线，单击左侧轴号 1 和右侧墙体完成标注修改，如图 11-5 所示。

⑥ 最终完成所有尺寸标注，如图 11-6 所示。

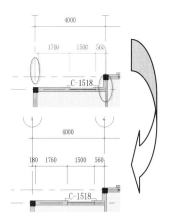

图 11-5

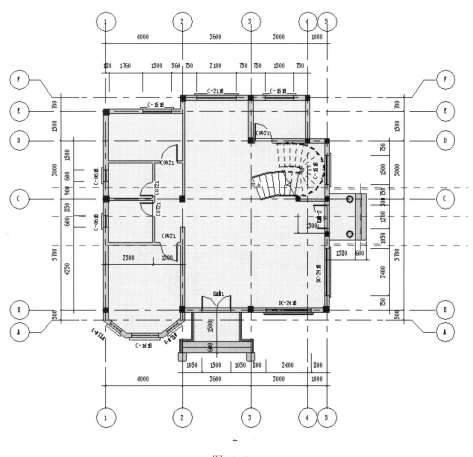

图 11-6

11.2 平面图中标高的添加

① 单击注释选项卡中的高程点 ，在属性栏单击编辑类型复制出新类型平面下标高，符号选择下标高程，单位修改为米，设置两位小数点，如图 11-7 所示。

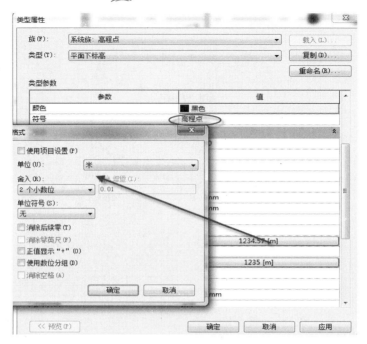

图 11-7

如图 11-8 进行放置高程点（高程点必须放置在图元构件上，所以在放置时要把视图改成着色）。

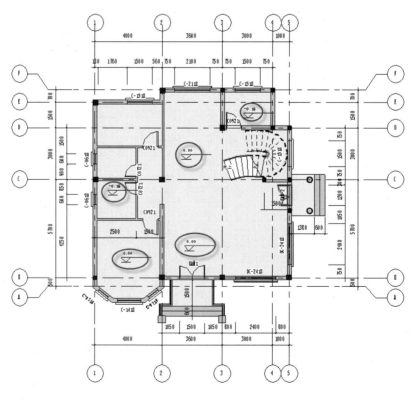

图 11-8

② 点击"注释"选项卡中的"符号" 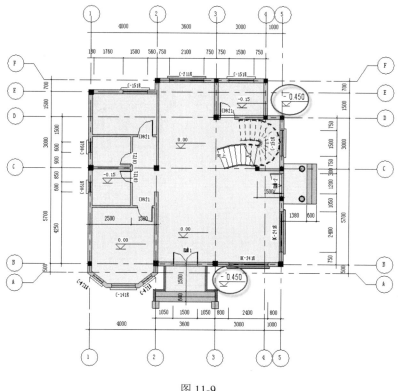命令，在属性面板里选择标高符号（负）并在图中放置修改标高，如图 11-9 所示。

图 11-9

11.3 划分功能区

① 单击建筑选项卡，在房间和面积选项卡中点击房间分隔线，使用直线命令绘制 3 条分隔线，如图 11-10 所示。

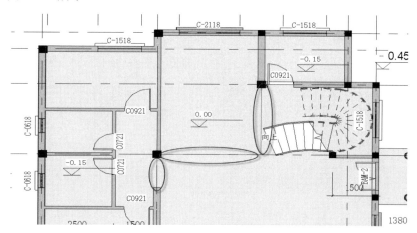

图 11-10

② 单击建筑选项卡，在房间和面积选项卡中点击房间，在图元属性中选择"中国房间标记"放置，双击房间修改名称，如图 11-11 所示。

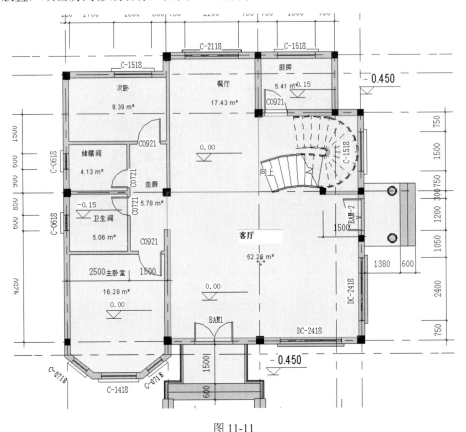

图 11-11

③ 单击视图空白处，在楼层平面属性栏里选择颜色方案，在弹出的对话框中，方案类别选择房间，在颜色下方选择名称，如图 11-12 所示（注意单击颜色和填充样式可以修改）。

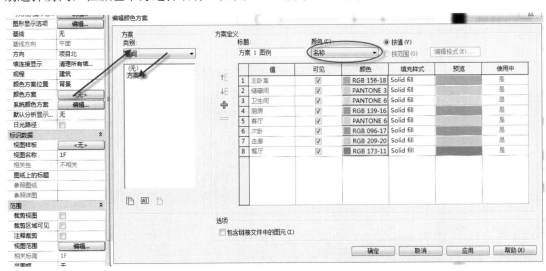

图 11-12

完成以上设置后点击确定，完成后颜色填充如图 11-13 所示。

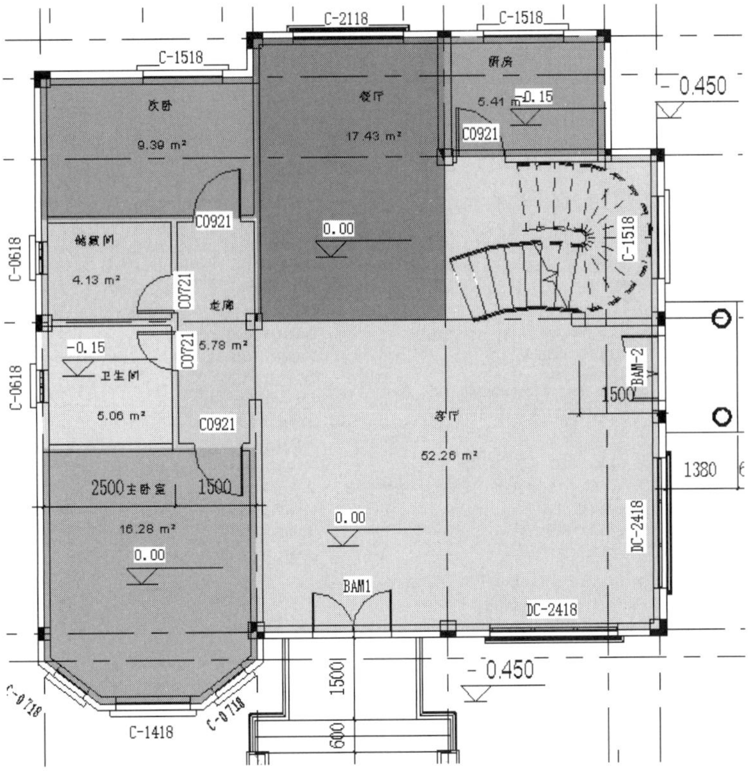

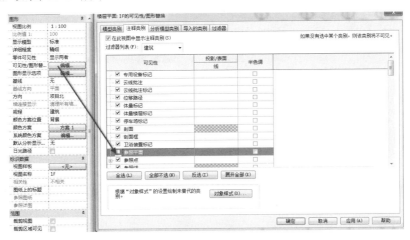

图 11-13

11.4　创建图纸视图

① 单击空白处，在楼层平面视图属性栏里单击可见性图形替换，在对话框中去掉参照平面与立面，如图 10-14 所示。

图 11-14

② 在下方视图栏里，详细程度调成精细，视觉样式调成隐藏线，如图 11-15 所示。

图 11-15

③ 单击插入面板，点击载入族，在弹出的对话框中选中"河北工业职业技术学院"图签族，并点击打开，如图 11-16 所示。

图 11-16

④ 单击视图选项卡，单击图纸命令，在弹出的对话框中，选择"河北工业职业技术学院：A3"，单击确定，如图 11-17 所示。

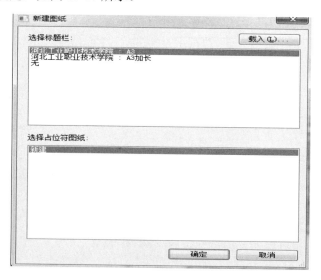

图 11-17

⑤ 单击管理选项中的项目参数，在弹出的对话框中点击添加，并在对话框中选中共享参数，单击选择，并在弹出的对话框中点击"是"，点击浏览，选中图签共享参数，如图 11-18 所示。

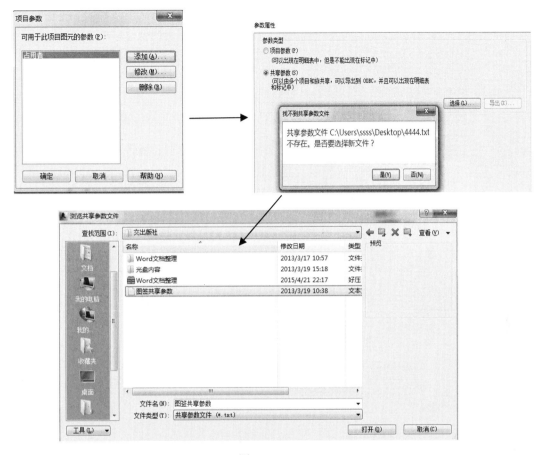

图 11-18

⑥ 点击打开后，依次选择班级，比例，人名 1，人名 2，日期，日期 2，图号，学号。添加到项目信息，如图 11-19 所示。

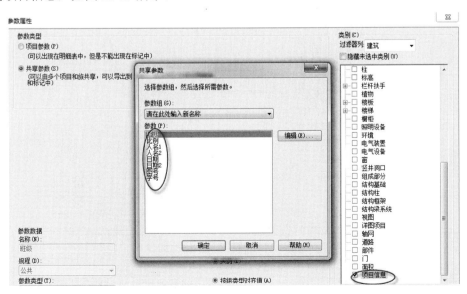

图 11-19

⑦ 完成以上步骤后，图签信息即可修改。如图 11-20 所示。

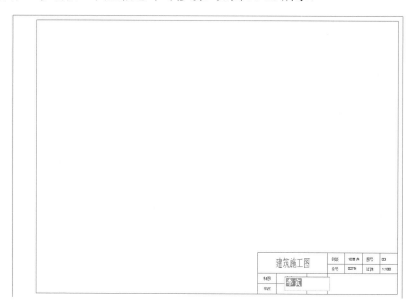

图 11-20

⑧ 在项目浏览器中单击选中 1F 楼层平面，按住左键移动鼠标将其拖入到图签视图中，完成后如图 11-21 所示。

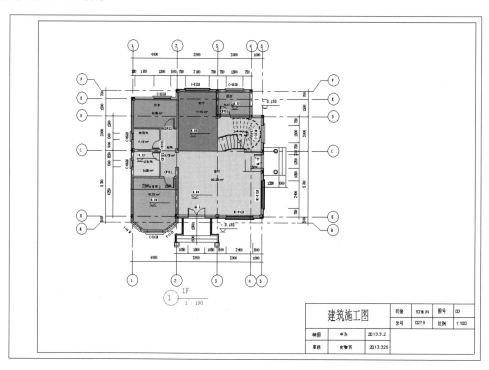

图 11-21

⑨ 单击开始菜单栏，单击导出，选择 cad 格式，在弹出的对话框中选择"任务中的视图/图纸集"、"集中的图纸"并单击下一步，导出 cad 图纸，如图 11-22 所示。

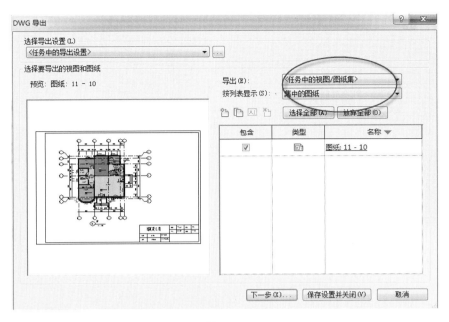

图 11-22

第3部分
室内装修

第12章 楼地面与墙面

学习目标

① 了解室内地面、墙面的基本做法。

② 掌握利用 Revit 工具进行地面、墙面的绘制与编辑。

玻璃幕墙做墙砖

12.1 强化复合木地板

① 打开第一次案例完成的"小别墅"模型，通过"应用程序菜单"将其另存为"室内装修"rvt.项目，如图 12-1 所示。

② 打开一层平面视图，从右下角跨选部分图元，如图 12-2 所示，在"选择"面板中点击"过滤器"按钮，如图 12-3 所示，在"过滤器"对话框中点击"放弃全部"，然后勾选"楼板"，点击"确定"按钮即可选中主体楼板，如图 12-4 所示。

图 12-1

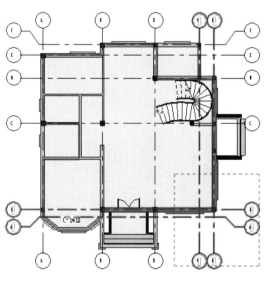

图 12-2

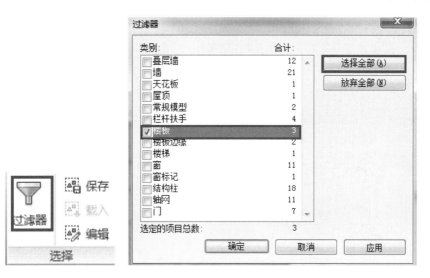

图 12-3

③ 在"属性"面板中点击"编辑类型"按钮，打开"类型属性"对话框，单击"结构"参数后面的"编辑"按钮，打开"编辑部件"对话框；单击"插入"按钮，添加多个构造层，为其指定功能、材质、厚度，使用"向上"、"向下"按钮调整位置，如图 12-5 所示。

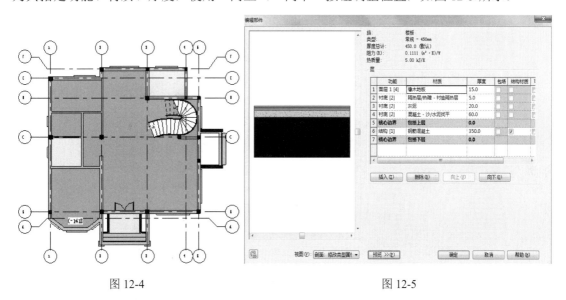

图 12-4　　　　　　　　　　　　　图 12-5

④ 对"面层 12[4]"材质进行设置：打开材质编辑器，设置此材质"表面填充图案"为"模型"填充，在"填充样式"对话框中点击"新建"，重命名新建的填充图案为"水平-600mm"，设置其角度和间距，如图 12-6 所示，截面填充图案为"木质-面层"，如图 12-7 所示。

⑤ 面层分割。进入三维视图，选中主体楼板，点击视图控制栏中"临时隐藏/隔离"按钮，点击"隔离图元"命令，如图 12-8 所示，此时将选中的主体楼板单独隔离进行编辑。

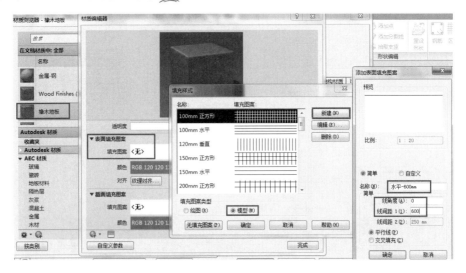

图 12-6

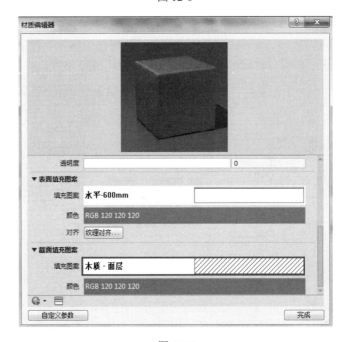

图 12-7

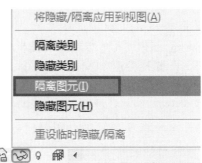

图 12-8

⑥ 选中楼板，在"修改|楼板"面板中选择"创建零件"命令，如图 12-9 所示，可使楼板被分割成多个构造零件。

⑦ 在三维视图中，在"属性"面板中设置"零件可见性"为"显示两者"，如图 12-10 所示，在浏览器中双击"OF"进入平面，在平面中隔离出主体楼板，如图 12-11 所示，并确保"视图属性"面板上"零件可见性"设置为"显示两者"。

图 12-9

图 12-10

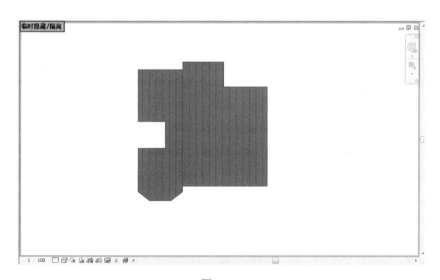

图 12-11

⑧ 再次进入三维，选中楼板的"零件"层，如图 12-12 所示，在"修改|零件"面板中点击"分割零件"按钮，如图 12-13 所示，启动分割部件功能。

⑨ 进入"0F"平面视图，此时绘图区域处于"修改|分区"的界面，点击"编辑草图"按钮，如图 12-14 所示，在"绘制"面板中选择"拾取线"，绘制如图 12-15 所示草图，最后两次点击"完成编辑模式" 完成木质面层分割，如图 12-16 所示。

图 12-12

图 12-13

图 12-14

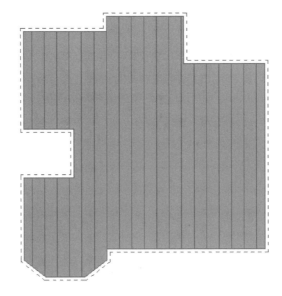

图 12-15

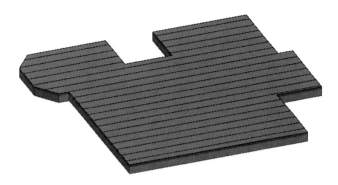

图 12-16

12.2 双层软木地板

① 打开"0F"平面视图，选中卫生间和厨房楼板，在原有楼板类型基础上"复制"新楼板类型并取名"双层软木地板"，如图 12-17 所示。

图 12-17

② 制作压型轮廓族（注：使用"公制轮廓"族样板创建轮廓族，这类族用于项目中所有用到轮廓族的功能中，例如楼板边、墙饰条、屋顶封檐带、屋顶檐槽等）。

打开样板文件。单击应用程序菜单下拉按钮，选择"新建>族"命令，如图 12-18 所示，打开"新族-选择样板文件"对话框，选择"公制轮廓"族样板，点击"打开"，如图 12-19 所示。

图 12-18

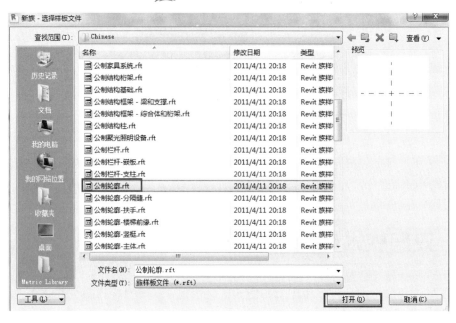

图 12-19

③ 绘制轮廓线。点击"创建"选项卡，在"属性"面板中选择"族类别和族参数"按钮，如图 12-20 所示，打开"族类别和族参数"对话框，定义"轮廓用途"为"楼板金属压型板"，如图 12-21 所示。

图 12-20   图 12-21

使用"创建"选项卡下"详图"面板中的"直线"命令，如图 12-22 所示，绘制如图 12-23 所示压型板轮廓，轮廓线需连续不闭合，否则载入项目后无法识别成压型轮廓，完成编辑另存为"50-50 木龙骨"并载入项目。

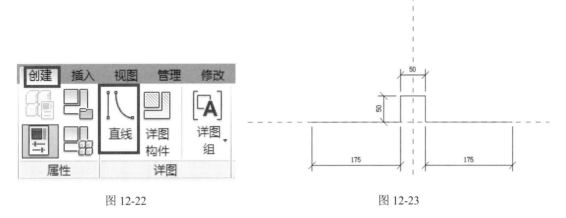

图 12-22   图 12-23

④ 构造层设置。设置楼板构造层，其中架空区域将使用"50-50 木龙骨"压型轮廓且设置其材质为"空气层"来代替（压型轮廓选用独立压型板），如图 12-24 所示。

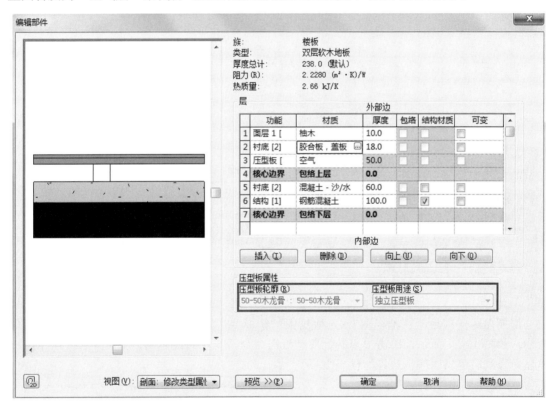

图 12-24

设置面层材质"柚木"：打开材质编辑器，设置此材质"表面填充图案"为"模型"填充，在"填充样式"对话框中点击"新建"，重命名新建的填充图案为"垂直_600"，设置其角度和间距，如图 12-25 所示。

⑤ 制作木龙骨。新建"基于楼板的公制常规模型"族样板用于创建"木龙骨构件"，进入到族编辑界面，如图 12-26 所示。

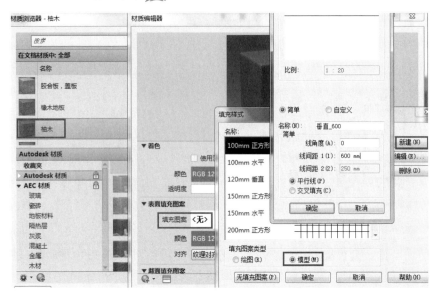

图 12-25

图 12-26

切换视图到项目"三维视图",选取厨卫区楼板并进入"编辑边界"模式,框选楼板轮廓线,如图 12-27 所示,单击"复制到剪贴板"命令,将轮廓线复制,如图 12-28 所示,不做任何修改后退出"编辑边界"模式✗。

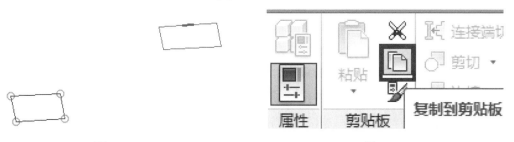

图 12-27   图 12-28

切换到族编辑界面，点击"修改"选项卡，在"剪贴板"面板下点击"粘贴"下拉菜单"与当前视图对齐"命令，如图 12-29 所示，将复制的楼板轮廓线移动到适当位置，如图 12-30 所示。

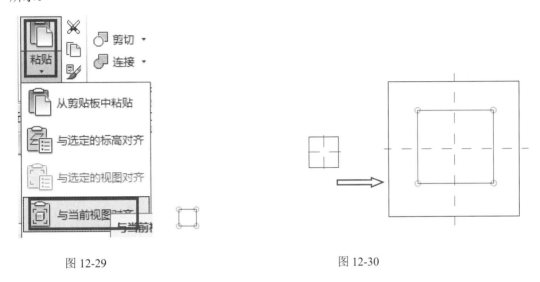

图 12-29　　　　　　　　　　　　　　　图 12-30

点击"创建"选项卡，在"形状"面板中选择"拉伸"命令，进入拉伸界面，在"绘制"面板中选择"直线"绘制如图 12-31 所示轮廓，在"属性"面板中修改"拉伸起点"和"拉伸终点"，如图 12-32 所示。

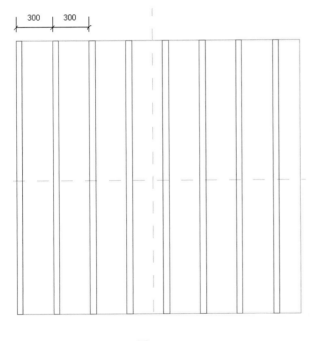

图 12-31

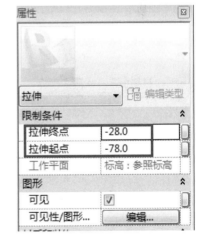

图 12-32

点击"完成编辑模式"按钮，完成轮廓的拉伸，完成效果如图 12-33 所示。（将族文件中的默认楼板隐藏）另存为族文件为"木龙骨构件"。

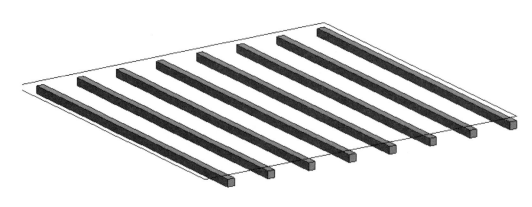

图 12-33

将制作好的"木龙骨构件"载入项目中，定位放置到厨卫楼板上。完成后的"双层软木地板"三维效果如图 12-34 所示。

常规模型：木龙骨构件：木龙骨构件

图 12-34

12.3 墙裙、踢脚

装饰线是室内工程中部件截断面边缘线的造型线式，一般欧式成品装饰线用得比较多。在 Revit 中可以通过创建"公制轮廓"或"公制轮廓-主体"族来完成，较复杂时可灵活运用基于墙构件、内建模型或外部工具实现。

① 创建案例中内墙面所需"成品实木踢脚线"族作为备用。新建"公制轮廓"族，在"属性"面板中设置"轮廓用途"为"墙饰条"，如图 12-35 所示。

② 点击"创建"选项卡，选择"详图"面板中的"直线"命令，在"绘制"面板中利用"直线"和"圆角弧"绘制踢脚线轮廓，如图 12-36 所示，轮廓绘制完成另存为"成品实木踢脚线"族文件。

③ 创建案例中内墙所需"墙裙"轮廓族备用。新建"公制轮廓"族，同理在"属性"面板中修改"轮廓用途"为"墙饰条"，在"创建"选项卡下"详图"面板中选择"直线"命

令，绘制如图 12-37 所示轮廓，绘制完成另存为"墙裙"族文件。

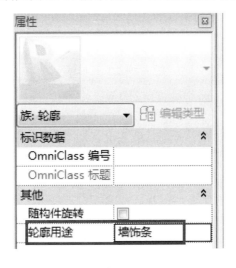

图 12-35

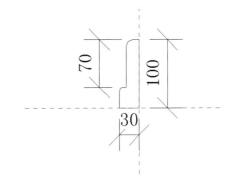

图 12-36

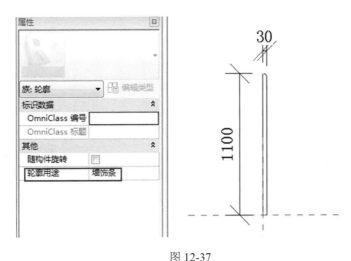

图 12-37

12.4 基本墙

12.4.1 墙饰面

　　案例中餐厅区域内墙面需添加墙裙。将 12.3 节中制作的"墙裙"轮廓族载入到项目中，进入一层平面视图，选择如图 12-38 所示墙体，通过"复制"创建新的类型墙体，命名为"墙裙_饰面墙"，设置墙体内部构造如图 12-39 所示。（注：把"预览"图打开）修改完成的墙如图 12-40 所示。

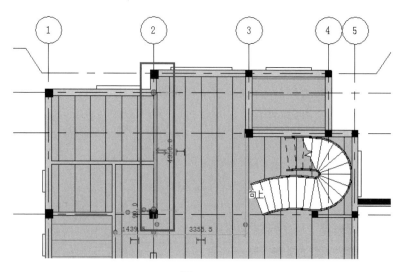

图 12-38

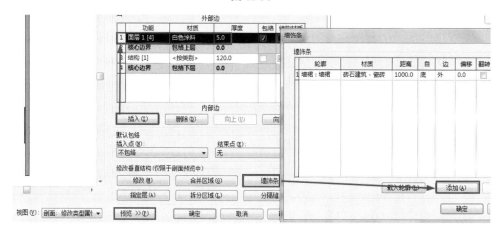

图 12-39

图 12-40

12.4.2　造型墙

使用墙体"编辑轮廓"功能，编辑墙体轮廓，该命令主要用于制作一些简单的造型墙。

选择如图 12-41 所示墙体，在"修改|墙"选项卡下选择"模式"面板中的"编辑轮廓"命令，如图 12-42 所示，弹出"转到视图"对话框，选择"立面：东"，点击"打开视图"进入东立面，如图 12-43 所示。

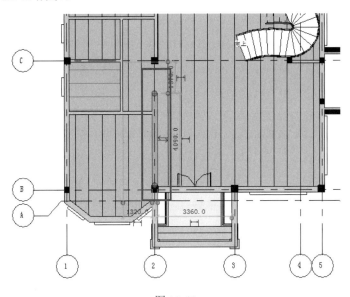

图 12-41

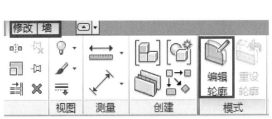

图 12-42

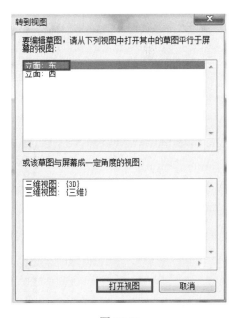

图 12-43

进入东立面视图，开始编辑墙体的造型，在"绘制"面板中选择合适的线样式随意绘制轮廓的形状，如图 12-44 所示。

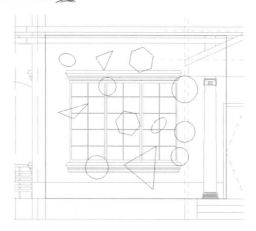

图 12-44

点击"完成编辑模式"按钮✔，完成墙体造型的编辑。在"属性"面板中点击"编辑类型"，修改内部构造层"面层 1[4]"的材质为"樱桃木"，如图 12-45 所示。完成效果如图 12-46 所示。

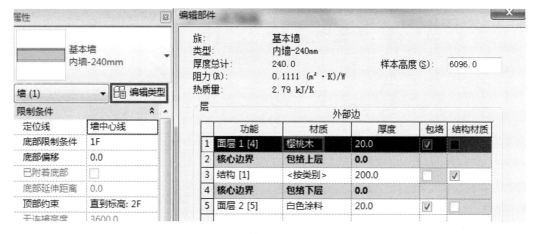

图 12-45

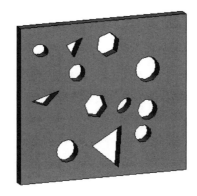

图 12-46

第13章 天花

学习目标

① 了解室内顶棚的基本做法与施工工艺。
② 掌握利用 Revit 工具进行顶棚造型的绘制与编辑。

室内天花吊顶组成构件主要有吊顶龙骨、天花面板、窗帘盒、通风口、灯具等，其中大部分属于成品安装，下述案例主要讲解吊顶龙骨、面板创建方法，案例中天花可分为客厅区、走廊区和餐厅区域，且各区域都依附于同一天花主体，因而可以先创建天花主体"不上人吊顶-纸面石膏板"，再分别创建各区域天花，安装灯具后即可组合完成。

13.1 天花主体

天花主体"不上人吊顶-纸面石膏板"包括吊顶龙骨、面板、通风口及窗帘盒。

13.1.1 纸面石膏板

① 在"项目浏览器"中双击"天花板平面"面板下的"1F"，进入天花板一层平面视图。
② 新建天花类型"纸面石膏板"。单击"建筑"选项卡，在"构件"面板中选择"天花板"命令，如图 13-1 所示。

图 13-1

③ 在"属性"面板中选择天花板类型为"复合天花板-无装饰"，点击"编辑类型"按钮，在"类型属性"面板中通过"复制"创建新的天花板类型为"纸面石膏板"，如图 13-2 所示。设置其内部构造层，如图 13-3 所示。

图 13-2

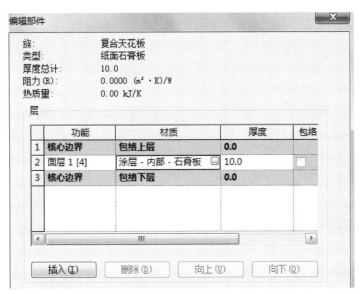

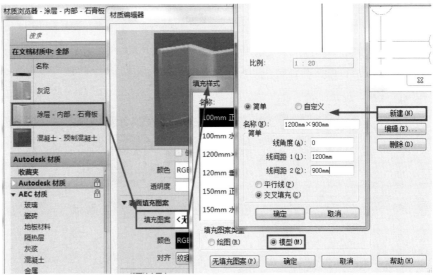

图 13-3

④ 开始绘制天花板边界。点击"天花板"命令后进入"放置天花板"界面，在"天花板"面板中选择"绘制天花板"，如图 13-4 所示。

⑤ 进入"创建天花板边界"界面，边界线沿内墙面向内偏移 150mm，用于设置风口及窗帘盒等功能，绘制如图 13-5 所示边界线。

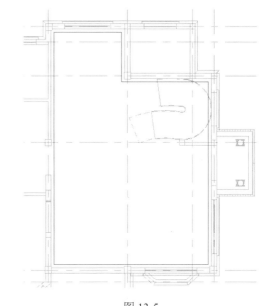

图 13-4　　　　　　　　　　　　　　　　图 13-5

⑥ 点击"完成编辑模式"按钮 ✔，完成天花板的创建，如图 13-6 所示。

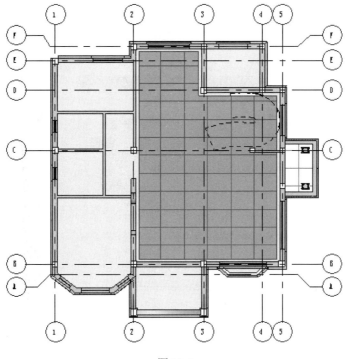

图 13-6

13.1.2 吊顶龙骨

此不上人吊顶龙骨包括"天花-主龙骨"、"天花-次龙骨"及"主龙骨吊件";分别创建龙骨构件族,再拼装组合到以"基于天花板的公制常规模型"族样板创建的天花构件族中。

① 新建"基于线的公制常规模型"族来创建案例中主次龙骨,均使用 50×20 型材。新建打开族样板文件后,在"项目浏览器"中"立面"面板下双击"右"进入右立面视图。

② 在"创建"选项卡下"形状"面板中选择"拉伸"命令,在"绘制"面板中选择合适的线型绘制如图 13-7 所示轮廓。

③ 在"属性"面板中修改"拉伸起点"和"拉伸终点"参数,如图 13-8 所示,点击"完成编辑模式"按钮,完成轮廓的拉伸。

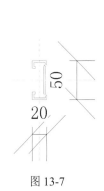

图 13-7

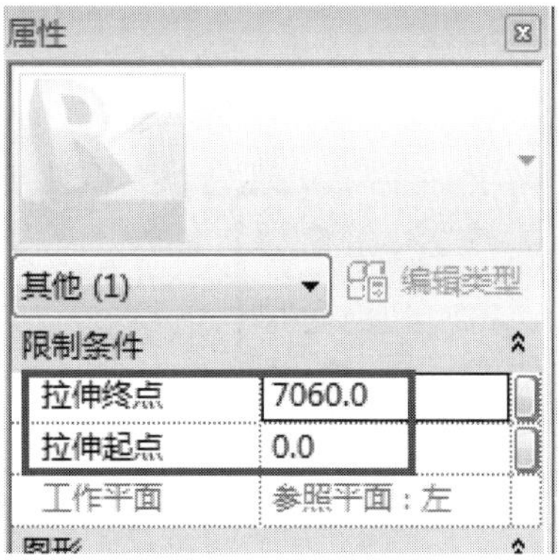

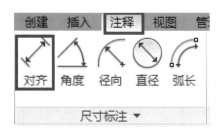

图 13-8

④ 在"项目浏览器"下"立面"面板中双击"前",进入前立面视图,点击"注释"选项卡,在"尺寸标注"面板中点击"对齐"命令,如图 13-9 所示,标注拉伸长度,如图 13-10 所示。

图 13-9

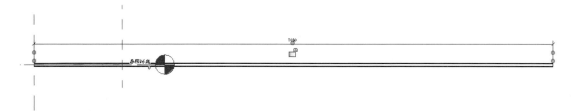

图 13-10

⑤ 选中标注好的尺寸，在"选项栏"中"标签"下拉列表中选择"添加参数"，如图 13-11 所示，弹出"参数属性"对话框，在"名称"栏中输入"拉伸长度"，点击"确定"按钮完成拉伸长度参数的添加，如图 13-12 所示。另存族文件为"天花-主龙骨"，完成如图 13-13 所示。

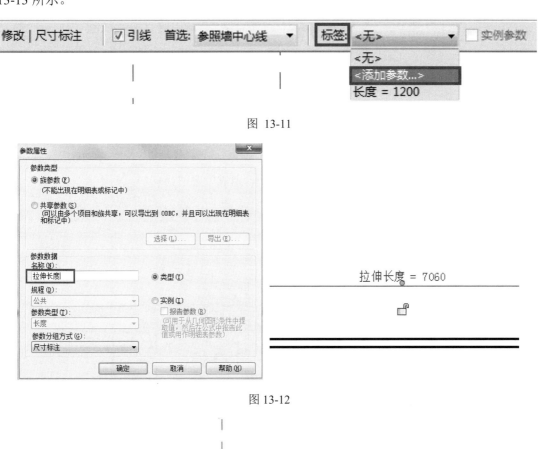

图 13-11

图 13-12

图 13-13

⑥ 打开"天花-主龙骨"族文件，选中拉伸的轮廓族，在"修改|拉伸"选项卡的"修改"面板中选择"旋转"命令，将轮廓族顺时针旋转 90°，如图 13-14 所示。另存文件为"天花-次龙骨"。

⑦ 新建"基于面的公制常规模型"族样板来创建案例中吊装构件"主龙骨吊件"。新建打开族样板文件后，在"项目浏览器"中"立面"面板下双击"右"进入右立面视图。

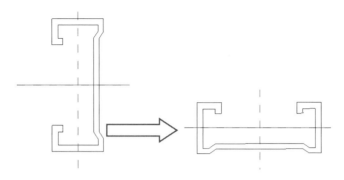

图 13-14

⑧ 在"创建"选项卡下"形状"面板中选择"拉伸"命令,在"绘制"面板中选择合适的线型绘制如图 13-15 所示轮廓。在"属性"面板中修改"拉伸起点"和"拉伸终点"如图 13-16 所示。点击"完成编辑模式"按钮 ✔,完成轮廓的拉伸。

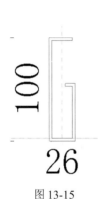

图 13-15

图 13-16

⑨ 继续创建构件的吊杆,如图 13-17 所示,在"属性"面板中修改"拉伸起点"和"拉伸终点"如图 13-18 所示,点击"完成编辑模式"按钮 ✔,完成轮廓的拉伸,如图 13-19 所示。另存族文件为"主龙骨吊件"。

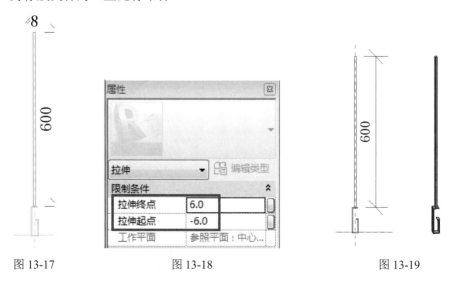

图 13-17   图 13-18   图 13-19

⑩ 新建打开"基于天花板的公制常规模型"族样板文件，按吊顶平面设计将创建好的各龙骨构件载入到"基于天花板的公制常规模型"中组合。

首先，切换到项目工作界面，选中天花板，在"修改|天花板"面板中选择"编辑边界"命令，如图 13-20 所示，选中天花板轮廓线复制（Ctrl+C），切换到新建打开的"基于天花板的公制常规模型"中粘贴（Ctrl+V），手动调整轮廓的位置，如图 13-21 所示。

再按天花板设计放置主龙骨。将创建好的"天花-主龙骨"和"天花-次龙骨"载入到"基于天花板的公制常规模型"族文件中。单击"创建"选项卡，在"模型"面板中选择"构件"命令，开始布置天花主龙骨，选择放置的方式为"放置在工作平面上"，如图 13-22 所示，按图 13-23 所示间距布置主龙骨位置，如图 13-24 所示。

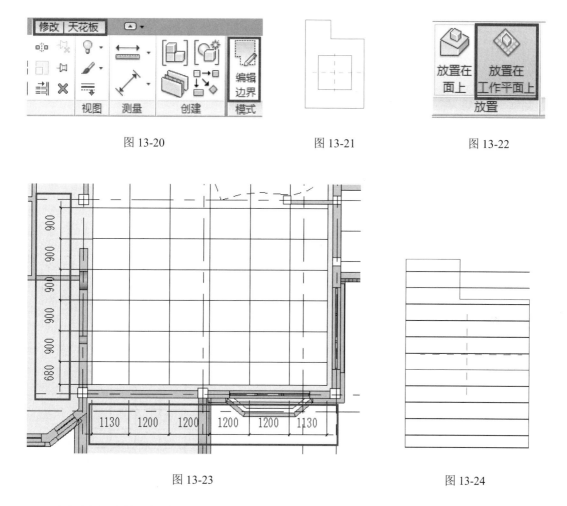

图 13-20　　　　　　　　图 13-21　　　　　　　　图 13-22

图 13-23　　　　　　　　　　　　图 13-24

选择最上面的两根龙骨，在"属性"面板中点击"编辑类型"按钮，在"类型属性"面板中点击"复制"，重命名为"天花-主龙骨 2"，修改其"拉伸长度"为 3060，如图 13-25 所示。

开始放置"天花-次龙骨"族，放置方法同上，在"创建"选项卡下选择"构件"工具，在"属性"面板中选择"天花-次龙骨"，点击"编辑类型"按钮，在"类型属性"对话框中修改"拉伸长度"为 8160，如图 13-26 所示。

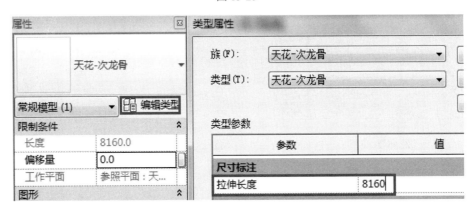

图 13-25

图 13-26

同理，按图 13-23 所示间距布置次龙骨位置，如图 13-27 所示。选中最左侧两根龙骨，在"属性"面板中点击"编辑类型"按钮，在"类型属性"对话框中点击"复制"，重命名为"天花-次龙骨 2"，修改"拉伸长度"为 10360，修改完成如图 13-28 所示。

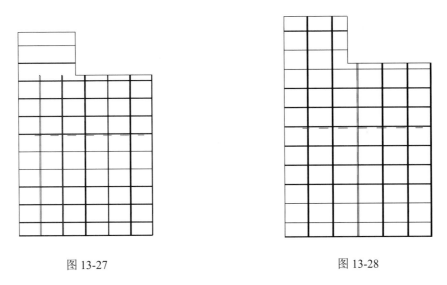

图 13-27   图 13-28

在"项目浏览器"中，"立面"面板中双击"左"进入左立面视图，调整主次龙骨的位置关系，如图 13-29 所示，修改完成效果如图 13-30 所示。

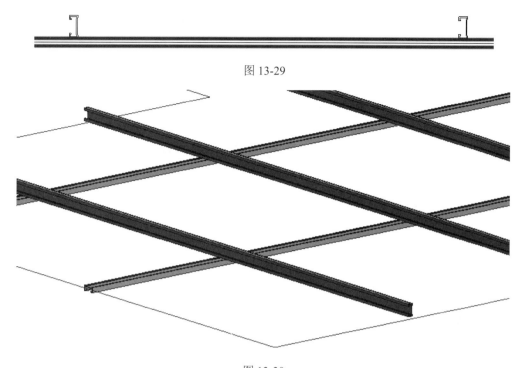

图 13-29

图 13-30

　　接下来开始放置龙骨吊杆。将之前创建好的"主龙骨吊件"族载入到"基于天花板的公制常规模型"中。点击"创建"选项卡，在"模型"面板中选择"构件"命令，在"属性"面板中选择构件类型为"主龙骨吊杆"，选择放置方式为"放置在面上"，如图 13-31 所示。

图 13-31

　　开始布置主龙骨吊杆，放置在横向主龙骨上，如图 13-32 所示。

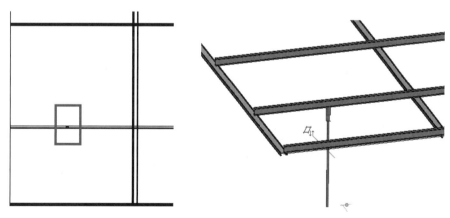

图 13-32

　　进入三维视图观察发现龙骨吊杆的方向是反的，选中龙骨吊杆，点击"翻转工作平面"按钮，调整吊杆方向，如图 13-33 所示。

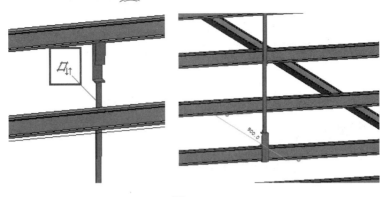

图 13-33

放置其他吊杆如图 13-34 所示。

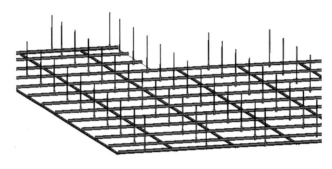

图 13-34

至此，"基于天花板的公制常规模型"创建完成。将族载入到项目中，放置到天花板位置，如图 13-35 所示。

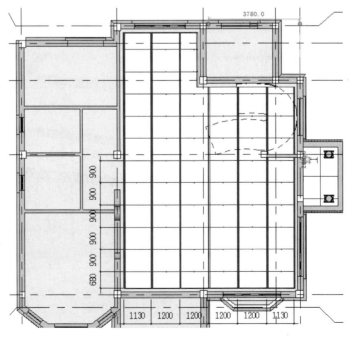

图 13-35

13.2 灯具布置

Revit 灯具族组成元素主要有"灯具模型"(自由创建)和"灯光光源"(样板内置);案例中使用灯具均从案例光盘中载入,不再详细讲解灯族的制作方式,下面主要介绍"灯光光源"在族中参数控制。

① 天花主体创建完成后要进行的是灯具的布置。首先要载入"灯具族",使用"插入"选项卡下"载入族"命令,在系统自带的族库中打开"Architecture"-"照明设备"-"天花板灯"-"吸顶灯 1.rfa",点击"打开"按钮,将族载入到项目中,如图 13-36 所示。

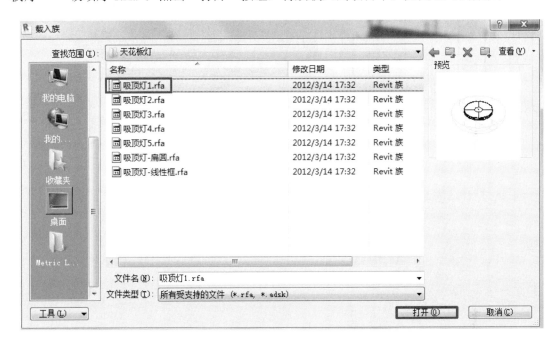

图 13-36

② 进入"天花板平面 1F"视图中,点击"建筑"选项卡,在"构建"面板中选择"构件"工具,在下拉列表中选择"放置构件",如图 13-37 所示,在"属性"面板中选择刚刚载入的灯具族,放置到合适的位置,如图 13-38 所示。

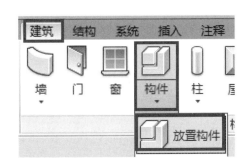

图 13-37

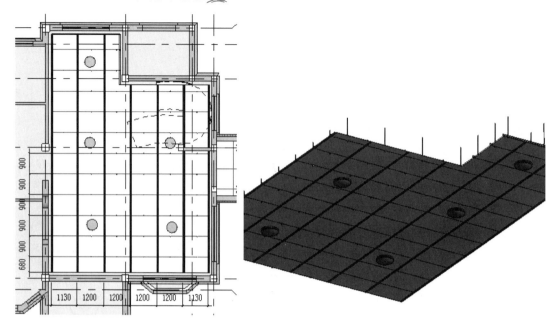

图 13-38

第14章 图纸深化

利用视图样板
批量处理视图

学习目标

① 了解室内平面图、立面图布图规则。
② 掌握利用在 Revit 中图纸的生成与图形布局的方法。

14.1 视图整理

本小节主要是将平面图中不需要的东西隐藏起来，得到想要的视图。

① 首先修改平面视图的名称。在"项目浏览器"中找到"平面视图：0F"视图，然后点击鼠标右键，"重命名"视图为"一层平面布置图"。

② 平面布置图的细化。在项目浏览器中打开"一层平面布置图"视图，在"属性"面板中找到"可见性/图形替换"，点击其后的"编辑"按钮，如图 14-1 所示，弹出"可见性/图形替换"对话框，在"注释类别"选项卡下找到"参照平面"、"立面"、"轴网"选项，取消勾选其可见性，点击"确定"即可在视图中将其线隐藏（注：为了保证视图的整洁美观，在出图时可将不需要的图元通过此种方法将其隐藏）。隐藏完成如图 14-2 所示。

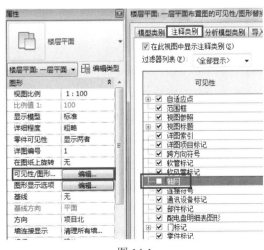

图 14-1

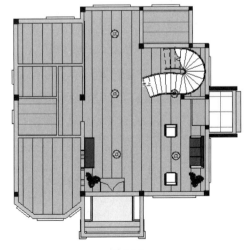

图 14-2

163

③ 为平面布置图添加注释，首先为"一层平面布置图"添加房间名称。进入"一层平面布置图"中，单击"建筑"选项卡"房间"面板下"房间分隔"命令，如图 14-3 所示，进入房间分隔线绘制状态，添加如图 14-4 所示分隔线。

图 14-3

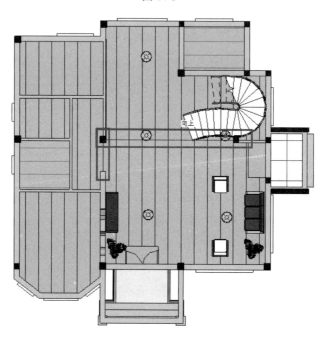

图 14-4

④ 首先调整一下视图范围，在"属性"面板中找到"视图范围"参数，点击后面的"编辑"按钮，调整数值如图 14-5 所示。单击"建筑"选项卡"房间和面积"面板中"房间"命令，如图 14-6 所示，为刚才创建的房间区域添加名称。

图 14-5

图 14-6

⑤ 选择"房间"命令后，在"属性"面板中选择标记类型为"M_房间标记 带面积房间标记"，放置房间如图 14-7 所示。

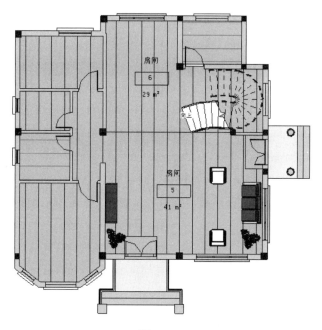

图 14-7

⑥ 选中房间标记，鼠标点击"房间"字体，修改房间名称，如图 14-8 所示。

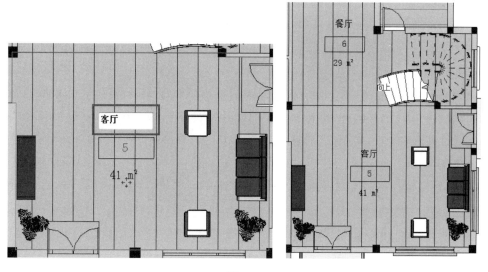

图 14-8

165

⑦ 添加标高符号。单击"注释"选项卡"尺寸标注"面板内 ✛ 高程点命令，在"属性"面板"类型选择器"中选择"高程点 垂直"，为房间添加高程点。在房间空白处三次单击鼠标即可添加高程点，如图 14-9 所示。

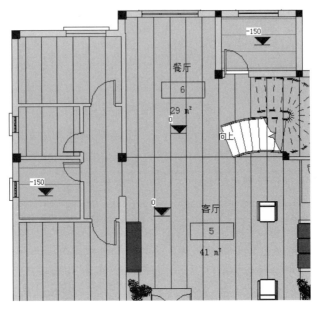

图 14-9

⑧ 单击"注释"选项卡"尺寸标注"面板中"对齐"命令，为其添加尺寸标注，如图 14-10 所示。

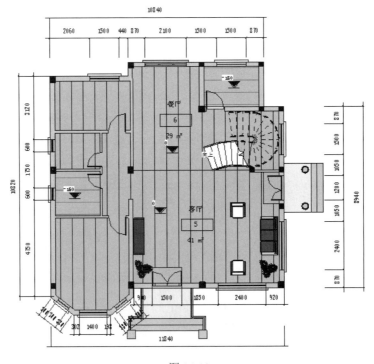

图 14-10

14.2　立面细化

①　确定图纸比例。进入南立面视图，在视图控制栏中修改视图比例为 1∶50，如图 14-11 所示。

②　隐藏不需要的图元。在"属性"面板中找到 "可见性/图形替换"，点击其后的"编辑"按钮，如 图 14-12 所示，弹出"可见性/图形替换"对话框，在

图 14-11

"注释类别"选项卡下找到"参照平面"选项，取消勾选其可见性，点击"确定"即可在南立 面视图中将参照平面线隐藏（注：为了保证视图的整洁美观，在出图时可将不需要的图元通 过此种方法将其隐藏）。

图 14-12

③　尺寸注释和高程点的添加。添加方法同上，完成如图 14-13 所示。

图 14-13

167

14.3 剖面视图的创建

① 进入"一层平面布置图"，点击"视图"选项卡，选择"创建"面板中"剖面"命令，按图 14-14 所示，绘制剖面（注：可通过点击"翻转剖面"符号调整剖面方向）。

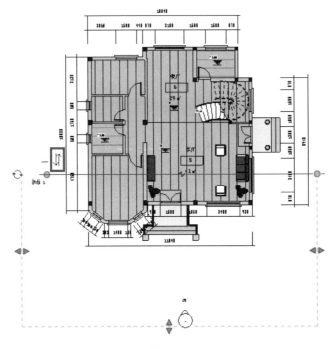

图 14-14

② 在"项目浏览器"中找到"剖面（断面）"选项中的"剖面 1"，双击"剖面 1"进入剖面视图，如图 14-15 所示。选中视图中的剖面框，调整剖面框的位置如图 14-16 所示。然后在"视图控制栏"中点击"隐藏裁剪区域"按钮，如图 14-17 所示，调整完成如图 14-18 所示。

图 14-15

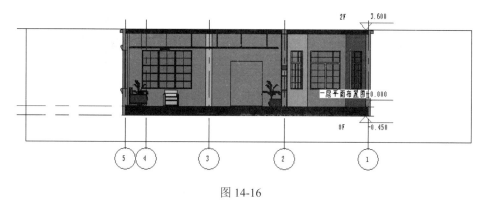

图 14-16

图 14-17

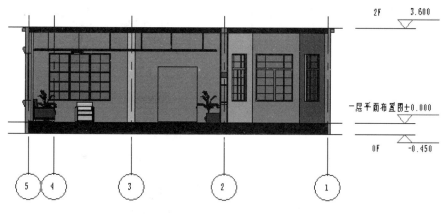

图 14-18

③ 添加尺寸标注。方法同上，完成效果如图 14-19 所示。

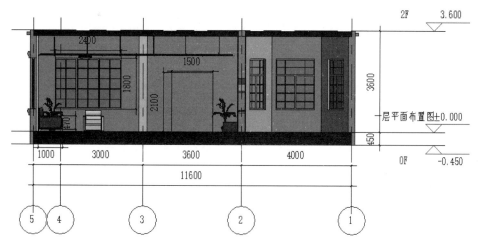

图 14-19

169

图 14-20

④ 为视图添加文字说明。单击"注释"选项卡"文字"面板中的"文字"命令 A **文字**，在"格式"选项中选择"二段 引线"，如图 14-20 所示。然后点击鼠标左键并拖动，如图 14-21 所示。然后输入文字内容为"定制铝合金"，点击空白处完成文字的添加，如图 14-22 所示。

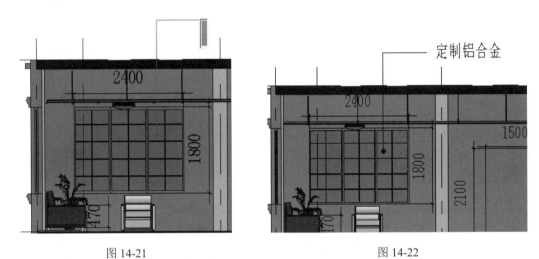

图 14-21   图 14-22

⑤ 按上述方法添加其他文字说明，完成效果如图 14-23 所示。

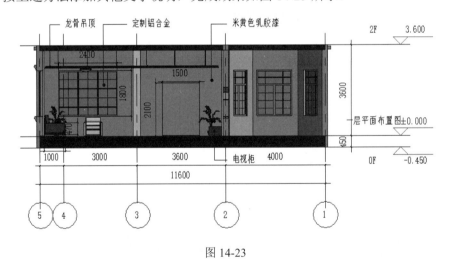

图 14-23

⑥ 其他平面视图、立面视图及剖面视图的处理方法同上。

14.4 创建图纸

① 单击"视图"选项卡"图纸组合"面板内"图纸"按钮，弹出"新建图纸"对话框，在本项目案例中没有图纸族，所以需要我们载入。点击对话框中的"载入"按钮，如图 14-24 所示，在"Architecture"-"标题栏"文件夹中找到"A2 公制.rfa"族，点击"打开"将 A2

图纸载入到项目。

② 在"新建图纸"对话框中选择"A2 公制：A2"，单击"确定"，如图 14-25 所示，视图中会自动添加一张 A2 的图纸。

图 14-24   图 14-25

③ 单击"视图"选项卡"图纸组合"面板内"视图"按钮，弹出"视图"对话框，从列表中找到"一层平面布置图"，单击对话框下部的"在图纸中添加视图"按钮，将视图拖动到合适的位置即可（见图 14-26～图 14-29）。鼠标拾取视图，在它的"实例属性"对话框中可通过"视图比例"栏调节图纸中视图的比例。

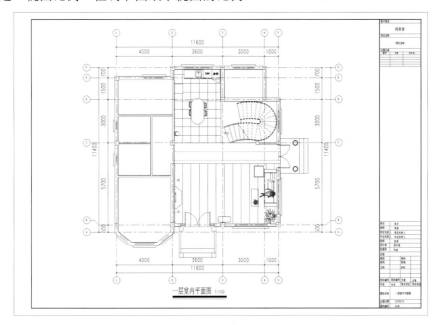

图 14-26

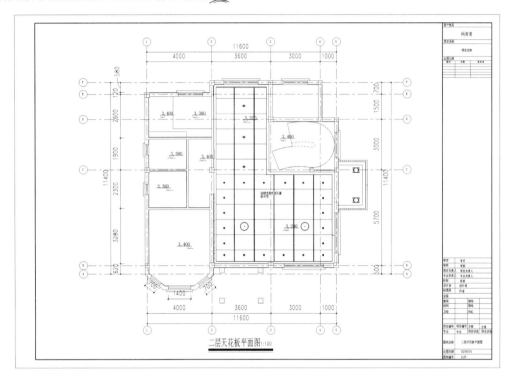

图 14-27

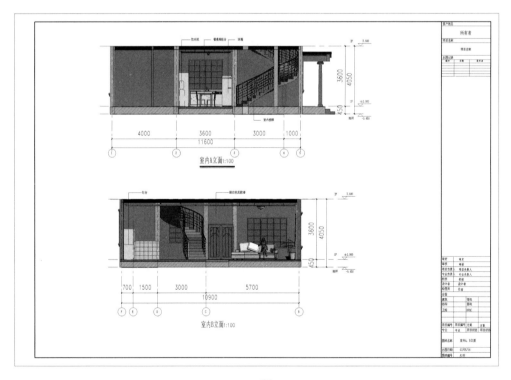

图 14-28

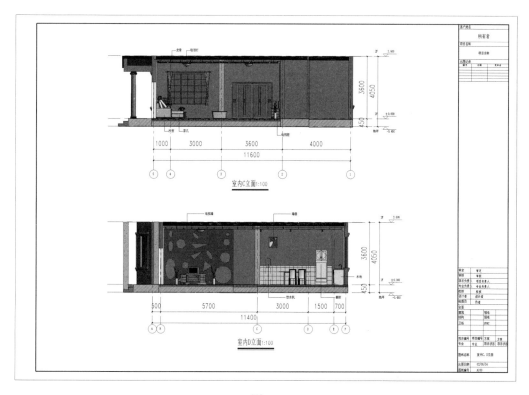

图 14-29

④　图纸添加后视图下方会自动添加一个名称，单击鼠标左键拾取标题，在它的"属性"对话框中找到"编辑类型"按钮，鼠标单击进入"类型属性"对话框（见图 14-30），在"标题"栏内可以修改它的类型，"显示标题"栏可控制标题的有无，"显示延伸线"选项可以控制标题后面延伸线的有无。"颜色"栏控制延长线的颜色。

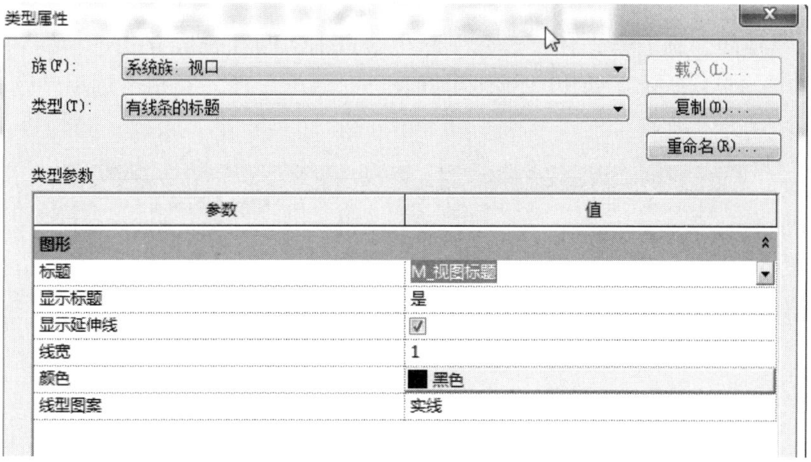

图 14-30

第15章 工程量统计

链接模型

学习目标

① 了解室内设计工程量统计的基本知识。
② 掌握如何利用模型导出其工程量的方法及格式设置。

在 Revit 中使用适当的构建标准和建模方法，即可在设计概算、施工图预算、施工预算、竣工结算、竣工决算各阶段工程量统计方面发挥重要作用。在模型、工程量及造价相关联的前提下，可以持续借助信息模型来对各预算阶段进行实时动态的监控。

工程量是用来表示室内装饰工程中各个具体分部分项工程和构配件的实物量。它是计算分部分项工程费用、措施项目和其他项目费用的重要依据。

15.1 墙体明细表的创建

① 点击"视图"选项卡，在"创建"面板中点击"明细表"，在下拉列表中选择"明细表/数量"，如图 15-1 所示。弹出"新建明细表"对话框，在"类别"选项中选择"墙"，如图 15-2 所示，点击"确定"。

图 15-1

② 弹出"明细表属性"对话框，在"可用的字段"列表里选择"族与类型"、"厚度"、"面积"、"合计"参数，点击"添加"按钮将其添加到"明细表字段"中，可通过"上移"、"下移"按钮调整参数顺序，如图 15-3 所示，点击"确定"。

③ 确定完成后软件自动切换到明细表界面，如图 15-4 所示。

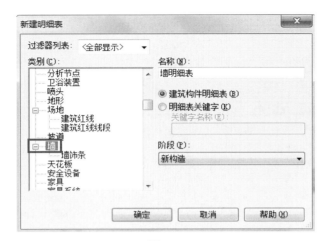

图 15-2

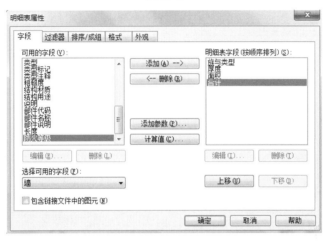

图 15-3

墙明细表

族与类型	厚度	面积	合计
基本墙: 内墙-240mm	240	7 m²	1
基本墙: 内墙-240mm	240	8 m²	1
基本墙: 内墙-240mm	240	13 m²	1
基本墙: 隔墙-120mm	120	12 m²	1
基本墙: 墙裙_饰面墙	125	16 m²	1
基本墙: 隔墙-120mm	120	8 m²	1
基本墙: 隔墙-120mm	120	12 m²	1
基本墙: 隔墙-120mm	120	12 m²	1
基本墙: 隔墙-120mm	120	5 m²	1
基本墙: 外墙-240mm	240	4 m²	1
基本墙: 外墙-240mm	240	4 m²	1
基本墙: 外墙-240mm	240	4 m²	1
基本墙: 外墙-240mm	240	10 m²	1
基本墙: 外墙-240mm	240	2 m²	1
基本墙: 外墙-240mm	240	8 m²	1
基本墙: 外墙-240mm	240	3 m²	1
基本墙: 外墙-240mm	240	22 m²	1
基本墙: 外墙-240mm	240	2 m²	1
基本墙: 外墙-240mm	240	33 m²	1
基本墙: 内墙-240mm	240	5 m²	1
基本墙: 内墙-240mm	240	4 m²	1
基本墙: 内墙-240mm	240	9 m²	1
基本墙: 隔墙-180mm	180	3 m²	1
基本墙: 隔墙-120mm	120	9 m²	1
基本墙: 隔墙-120mm	120	10 m²	1
基本墙: 隔墙-120mm	120	16 m²	1

图 15-4

④ 在"属性"面板中"其他"字段下点击"排序/成组"后的"编辑"按钮，在"排序/成组"选项下，设置"排序方式"为"族与类型"，勾选"总计：合计和总数"，如图 15-5 所示；在"格式"选项下选中"面积"字段，勾选"隐藏字段"，如图 15-6 所示。

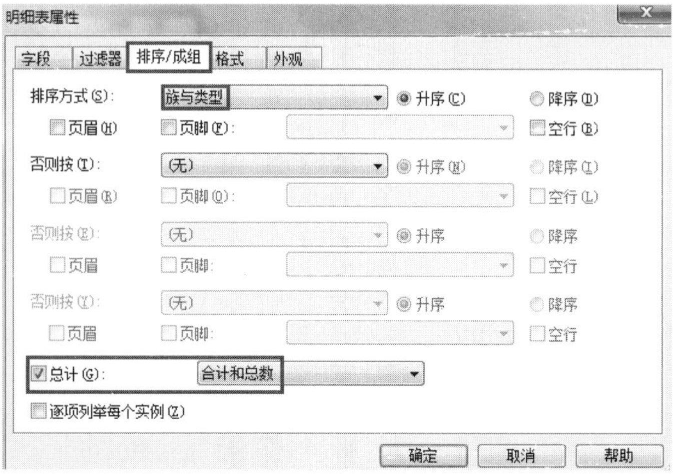

图 15-5

图 15-6

⑤ 点击"确定"，完成如图 15-7 所示。

墙明细表		
族与类型	厚度	合计
基本墙: 内墙-240mm	240	8
基本墙: 墙裙_饰面墙	125	1
基本墙: 外墙-240mm	240	21
基本墙: 外墙-白色涂料240mm	240	12
基本墙: 外墙-红砖240mm	240	12
基本墙: 常规 - 200mm	200	3
基本墙: 隔墙-120mm	120	19
基本墙: 隔墙-180mm	180	1
77		

图 15-7

⑥ 用同样方法创建门窗明细表，如图 15-8 所示。

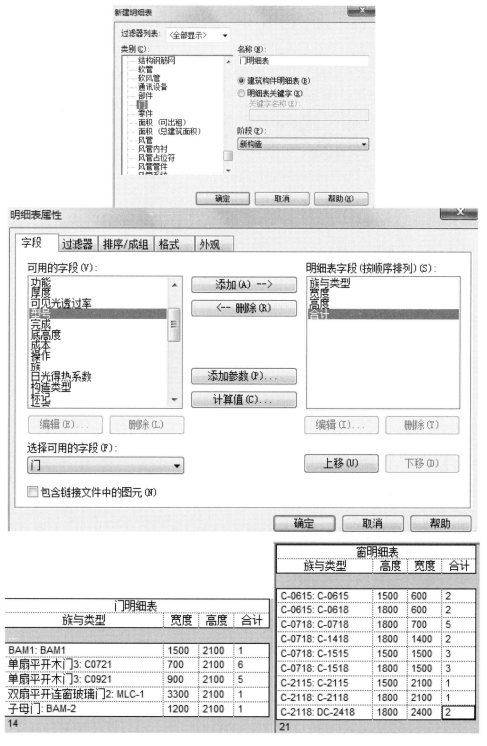

图 15-8

门明细表			
族与类型	宽度	高度	合计
BAM1: BAM1	1500	2100	1
单扇平开木门3: C0721	700	2100	6
单扇平开木门3: C0921	900	2100	5
双扇平开连窗玻璃门2: MLC-1	3300	2100	1
子母门1: BAM-2	1200	2100	1
14			

窗明细表			
族与类型	高度	宽度	合计
C-0615: C-0615	1500	600	2
C-0615: C-0618	1800	600	2
C-0718: C-0718	1800	700	5
C-0718: C-1418	1800	1400	2
C-0718: C-1515	1500	1500	3
C-0718: C-1518	1800	1500	3
C-2115: C-2115	1500	2100	1
C-2118: C-2118	1800	2100	1
C-2118: DC-2418	1800	2400	2
21			

15.2 零部件明细表

① 单击"明细表/数量"，选择类别为"零件"并命名为"零件明细表"，如图 15-9 所示设置。进入"明细表属性"面板后，按序选取可用字段"原始类型"、"材质"、"面积"、"体积"，其他设置保持默认，如图 15-10 所示设置。

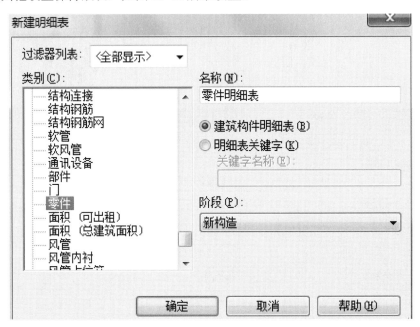

图 15-9

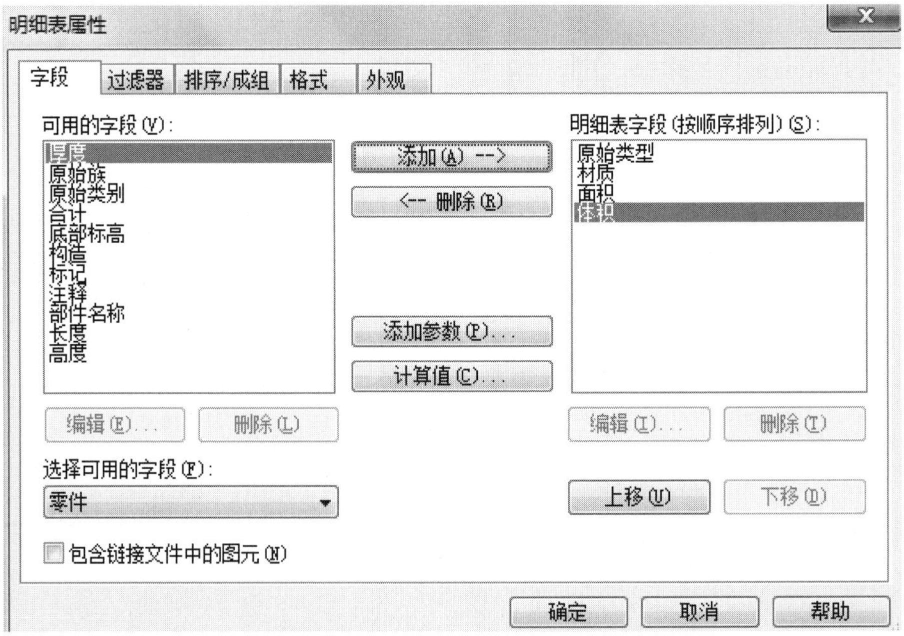

图 15-10

② 完成如图 15-11 所示。

零件明细表			
原始类型	材质	面积	体积
常规 - 450mm	隔热层/热障 - 衬垫隔热层	114 m²	0.57 m³
常规 - 450mm	灰泥	114 m²	2.28 m³
常规 - 450mm	混凝土 - 沙/水泥找平	114 m²	6.83 m³
常规 - 450mm	钢筋混凝土	114 m²	39.85 m³
常规 - 450mm	橡木地板	5 m²	0.08 m³
常规 - 450mm	橡木地板	3 m²	0.04 m³
常规 - 450mm	橡木地板	2 m²	0.02 m³
常规 - 450mm	橡木地板	3 m²	0.04 m³
常规 - 450mm	橡木地板	7 m²	0.10 m³
常规 - 450mm	橡木地板	3 m²	0.04 m³
常规 - 450mm	橡木地板	7 m²	0.10 m³
常规 - 450mm	橡木地板	3 m²	0.04 m³
常规 - 450mm	橡木地板	2 m²	0.03 m³
常规 - 450mm	橡木地板	3 m²	0.04 m³
常规 - 450mm	橡木地板	3 m²	0.04 m³
常规 - 450mm	橡木地板	6 m²	0.10 m³
常规 - 450mm	橡木地板	7 m²	0.10 m³
常规 - 450mm	橡木地板	7 m²	0.10 m³
常规 - 450mm	橡木地板	7 m²	0.10 m³
常规 - 450mm	橡木地板	7 m²	0.10 m³
常规 - 450mm	橡木地板	7 m²	0.10 m³
常规 - 450mm	橡木地板	5 m²	0.08 m³
常规 - 450mm	橡木地板	3 m²	0.05 m³
常规 - 450mm	橡木地板	5 m²	0.08 m³
常规 - 450mm	橡木地板	5 m²	0.08 m³
常规 - 450mm	橡木地板	5 m²	0.08 m³

图 15-11

③ 向"零件"添加"项目参数"：在"属性"面板中"其他"选项中点击"字段"后的"编辑"按钮，打开"明细表属性"对话框，点击"添加参数"按钮，弹出"参数类型"对话框，在"名称"栏中输入"单位"，"参数类型"为"文字"，如图 15-12 所示。

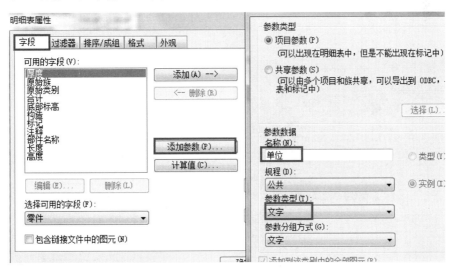

图 15-12

④ 用同样的方法添加其他参数："备注"（参数类型：文字）；"主材"、"辅材"、"人工费"、"损耗"及"机械"（参数类型：货币），添加完成如图 15-13 所示。

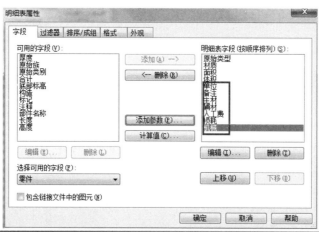

图 15-13

⑤ 添加"单价"、"总价"自定义明细表参数，并写入公式，如图 15-14 所示。

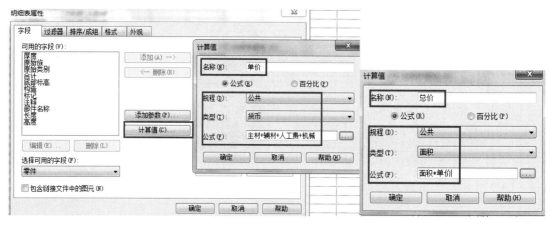

图 15-14

⑥ 手动输入相关定额和备注（可在明细表中多选零件逐类添加），明细表即可自动计算出单价与总价，如图 15-15 所示。

零件明细表												
原始类型	材质	面积	体积	单位	主材	辅材	人工费	损耗	机械	单价	总价	备注
常规 - 450mm	隔热层/热障 - 衬垫隔热层	114 m²	0.57 m³	m²	1.00	1.00	1.00	0.00	1.00	4.00	455 m²	
常规 - 450mm	灰泥	114 m²	2.28 m³									
常规 - 450mm	混凝土 - 沙水泥找平	114 m²	6.83 m³									
常规 - 450mm	钢筋混凝土	114 m²	39.85 m³									
常规 - 450mm	橡木地板	5 m²	0.08 m³									
常规 - 450mm	橡木地板	3 m²	0.04 m³									
常规 - 450mm	橡木地板	2 m²	0.02 m³									
常规 - 450mm	橡木地板	3 m²	0.04 m³									
常规 - 450mm	橡木地板	7 m²	0.10 m³									

图 15-15

同理还可以完成其他类型工程量的统计，在这里就不一一叙述。

第16章　图像的渲染及漫游的制作

学习目标

① 了解室内设计效果图设置的基本知识。

② 掌握效果图相机、渲染参数及漫游路径的设置方法。

加图像背景

16.1　相机视图

图 16-1

① 接上节练习，放置相机。进入"一层平面布置图"，在"视图"选项卡中单击"三维视图"下拉选项菜单，使用"相机"命令创建三维透视图，如图 16-1 所示。

② 在平面上定位相机前应先设置好选项栏中的参数，如图 16-2 所示，若不勾选"透视图"，则生成轴测视图；"偏移量"指人的视点相对放置相机基准标高的垂直间距，默认值为一般人体平均高度（一般视点高度）。设置完成后，在平面上放置相机到如图 16-3 所示大致位置。

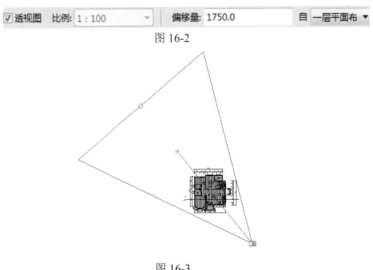

图 16-2

图 16-3

182

提示：相机在视图中放置完成后软件自动切换到相机视图，当再次回到平面图时，发现相机没有显示，此时，可在"项目浏览器"中找到生成的相机视图，然后右击选择"显示相机"命令，即可在平面中让相机显示。

③ 相机的调整。进入平面，显示相机，如图 16-4 所示，选中相机"控制视点"并拖动可调整相机的视点位置；通过拖动"目标点"，可调整相机目标点的位置；通过拖动"裁剪点"可调整相机的可视范围。

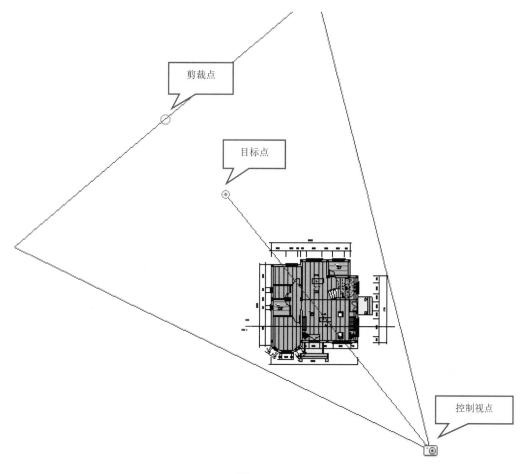

图 16-4

④ 渲染设置。Revit 集成了简化版的 Mently Ray 渲染器，其可设置项不多，但足以满足方案阶段需求。点击"视图"选项卡，在"图形"面板中选择"渲染"命令，弹出"渲染"对话框，渲染参数及用途如图 16-5 所示，这里按图 16-6 所示设置，点击"渲染"按钮开始对相机视图进行图像的渲染。

⑤ 渲染完成点击"渲染"对话框中的"保存到项目"按钮，即可将渲染好的图像保存到此项目中；点击"导出"按钮即可把渲染完成的图像导出到项目之外。渲染后的图像如图 16-7 所示。

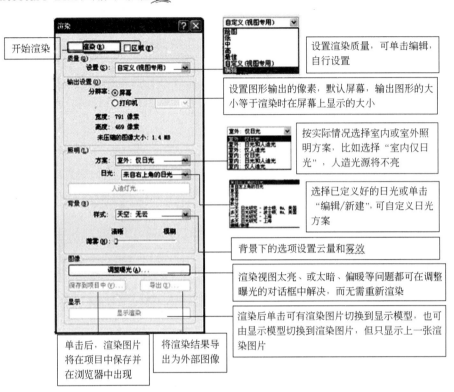

开始渲染

设置渲染质量，可单击编辑，自行设置

设置图形输出的像素，默认屏幕，输出图形的大小等于渲染时在屏幕上显示的大小

按实际情况选择室内或室外照明方案，比如选择"室内仅日光"，人造光源将不亮

选择已定义好的日光或单击"编辑/新建"，可自定义日光方案

背景下的选项设置云量和雾效

渲染视图太亮、或太暗、偏暖等问题都可在调整曝光的对话框中解决，而无需重新渲染

渲染后单击可有渲染图片切换到显示模型，也可由显示模型切换到渲染图片，但只显示上一张渲染图片

单击后，渲染图片将在项目中保存并在浏览器中出现

将渲染结果导出为外部图像

图 16-5

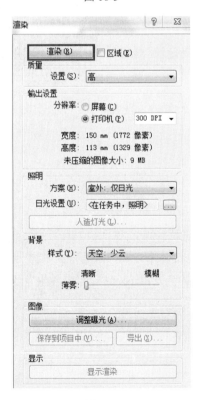

图 16-6

图 16-7

16.2 漫游

　　漫游是在一条漫游路径上，创建多个活动相机，再将每个相机的视图连续播放。因此我们先创建一条路径，然后调节路径上每个相机的视图，Revit 漫游中会自动设置很多关键相机视图即关键帧，通过调节这些关键帧视图来控制漫游动画。

　（1）创建漫游路径

　➤ 首先进入"一层平面布置图"，单击"视图"选项卡"创建"面板中"三维视图"下拉选项中"漫游"命令，如图 16-8 所示，进入漫游路径绘制状态。

　➤ 将鼠标光标放在入口处开始绘制漫游路径，单击鼠标左键插入一个关键点，隔一段距离插入一个关键点。按图 16-9 所示绘制路径。

图 16-8

　（2）编辑漫游

　➤ 绘制完路径后单击"修改"面板中"编辑漫游"按钮，进入编辑关键帧视图状态。关键帧视图其实就是一个相机视图，用调整相机的方法将视图调整为需要的样子。在平面视图中可以通过点击"上一关键帧"和"下一关键帧"调整相机的视线方向和焦距等。

　➤ 调整完成单击"编辑漫游"面板中的"打开漫游"命令，进入三维视图调整视角和视图范围。

　➤ 编辑完所有"关键帧"后在"属性"面板中，单击"其他"中的"漫游帧"命令，打开"漫游帧"对话框，如图 16-10 所示，通过调节"总帧数"等数据来调节创建漫游的快慢，点击"确定"。

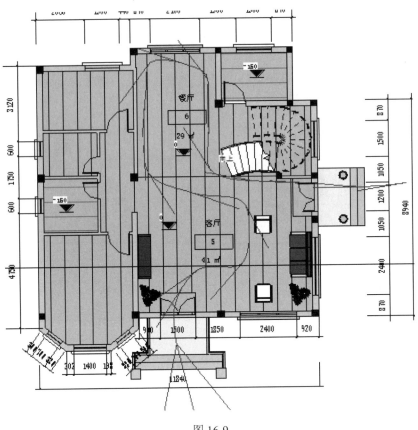

图 16-9

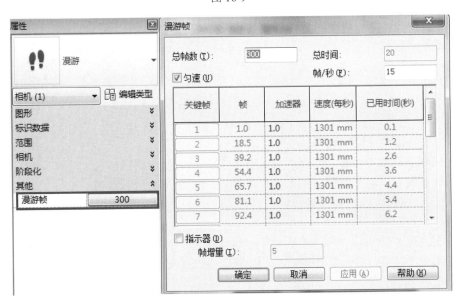

图 16-10

> 调整完成后从"项目浏览器"中打开刚创建的"漫游 1",如图 16-11 所示。用鼠标选
> 定视图中的视图框,在"修改"面板中选择"编辑漫游"命令,然后点击"漫游"面
> 板内的"播放"命令,开始漫游的播放。

（3）导出漫游

漫游创建完成后点击"应用程序菜单"→"导出"→"图像和动画"→"漫游"命令，如图 16-12 所示，弹出"长度/格式"对话框，如图 16-13 所示。

图 16-11

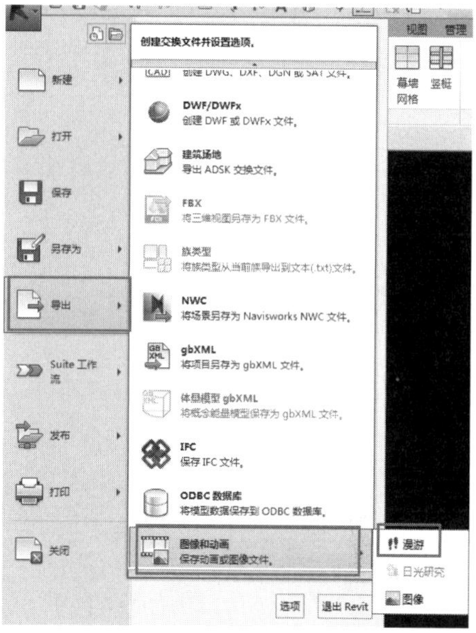

图 16-12

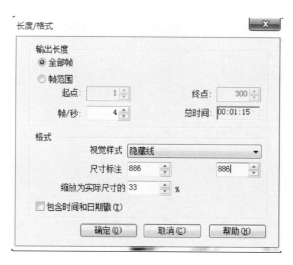

图 16-13

注意：其中"帧/秒"项设置导出后漫游的速度为每秒多少帧，默认为 114 帧，播放速度会比较快，建议设置为 3～4 帧，速度将比较合适，按确定后弹出"导出漫游"对话框，输入文件名，并选择路径，单击"保存"按钮，弹出"视频压缩"对话框，默认为"全帧（非压缩的）"，产生的文件会非常大，建议在下拉列表中选择压缩模式为"Microsoft Video 1"，此模式为大部分系统可以读取的模式，同时可以压缩文件大小，单击"确定"将漫游文件导出为外部 AVI 文件。

第4部分
景观与族、概念体量的设计

第17章　场地的设置

学习目标

① 了解场地的相关设置。
② 掌握地形表面、道路红线的绘制与编辑的方法和相关应用技巧。
③ 对前两章内容部分命令的重复应用与技巧进一步巩固。

场地设置

在 Revit 中可以定义场地的等高线，标记等高线高程，场地坐标，建筑红线，子类别（道路，地面铺装等），场地构件（植物，建筑小品，停车场，车辆，人物等）。

17.1 创建地形表面

Revit 中可以使用点或导入的数据来定义地形表面，可以在三维或场地平面中创建地形表面，本章节中，将使用"高程点"命令来创建地形表面。

① 打开 Revit 软件，新建一个项目，点击应用程序菜单下拉列表中的"新建-项目"，弹出"新建项目"对话框，在"样板文件"列表中选择"建筑样板"，单击"确定"，创建了一个新的项目文件。

② 在"项目浏览器"中双击"南"，进入南立面视图，在"建筑"面板下选择"标高"命令 标高 创建一个新的标高，如图 17-1 所示，重命名标高为"室外"，修改高程点为"-0.450"，修改标头为"下标头"。

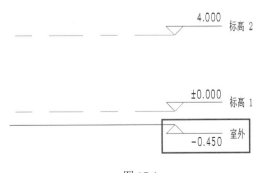

图 17-1

③ 在"项目浏览器"中双击"室外",进入室外平面视图,在"属性"浏览器中点击"视图范围"编辑按钮,弹出"视图范围"对话框,在该对话框中设置视图范围参数,如图 17-2 所示。

图 17-2

④ 在菜单栏中选择"插入"选项卡,在选项卡中选择"导入"面板中单击"导入 CAD"按钮,如图 17-3 所示,在"查找范围中"找到光盘中的"场地.dwg"CAD 图纸文件,并且设置下面的"图层/标高"为"可见","导入单位"为"毫米","定位"调整为"自动-中心到中心",如图 17-4 所示。单击"打开"按钮,就可以把"场地.dwg"CAD 图纸文件导入到 Revit 文件中。

图 17-3

图 17-4

图 17-5

⑤ 把 CAD 图纸导入 Revit 后，用鼠标左键选中 CAD 图形，在"修改|场地.dwg"选项卡下点击"🗍"按钮，如图 17-5 所示，将 CAD 图纸锁定，防止在操作的过程中图纸被移动。

⑥ 在绘图区域调整四个"立面符号"的位置（框选将其拖动到大致位置即可），如图 17-6 所示（注：所绘制的模型一定要保证在四个立面符号范围内，否则易出现在某个立面看不到模型的情况）。

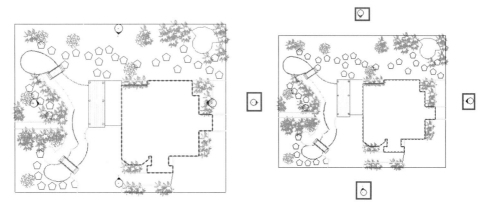

图 17-6

⑦ 单击"体量和场地"选项卡，在"场地建模"面板中单击"地形表面"按钮，如图 17-7 所示，进入"编辑表面"界面。

图 17-7

⑧ 在"工具"面板中选择"放置点"，并修改选项栏中的"高程"为"-450"，如图 17-8 所示。

图 17-8

⑨ 参照 CAD 图纸，单击鼠标左键在 CAD 的四个角上放置高程点，如图 17-9 所示。

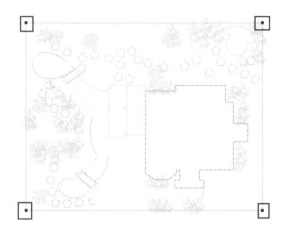

图 17-9

⑩ 在"属性"面板中点击"材质-按类别"按钮，为场地表面添加材质，如图 17-10 所示。点击"完成表面" ✔，完成"地形表面"的创建如图 17-11 所示。

图 17-10

图 17-11

17.2 创建建筑红线

建筑红线也称为建筑控制线，指城市规划管理中，控制城市道路两侧沿街建筑物或构建物（如外墙、台阶等）靠临街面的界线。任何临街建筑物或构建物不得超过建筑红线。

① 进入室外平面视图中，单击"体量和场地"选项栏，在"修改场地"面板中选择"建筑红线"，如图 17-12 所示。

图 17-12

② 单击打开"建筑红线"，会弹出"创建建筑红线"对话框，让我们选择如何去创建建筑红线方式，如图 17-13 所示，选择"通过绘制来创建"（注：用第一种方式绘制建筑红线必须要有距离和方向角这些数据才能创建；第二种则比较灵活，根据需要通过绘制即可创建）。

③ 在"绘制面板"中选择"线"进行绘制，如图 17-14 所示。

图 17-13

图 17-14

④ 参照 CAD 图纸绘制如图 17-15 所示"建筑红线"，然后用"修剪"命令 闭合轮廓。

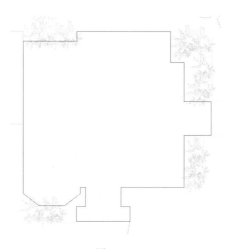

图 17-15

⑤ 单击"完成编辑模式"　✔，完成建筑红线的创建，如图 17-16 所示。

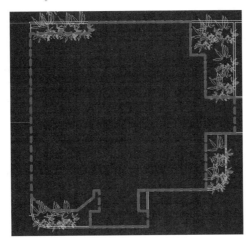

图 17-16

⑥ 绘制"建筑地坪"。单击打开"体量和场地"菜单，然后在"场地建模"面板中选择"建筑地坪"，如图 17-17 所示。

⑦ 单击"建筑地坪"，进入"创建建筑地坪边界"界面，在"绘制"面板中选择"线"，如图 17-18 所示。

图 17-17

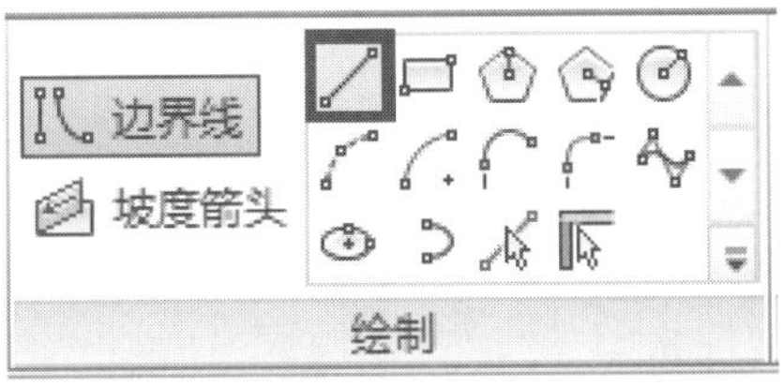

图 17-18

⑧ 沿着刚刚绘制的建筑红线的边缘绘制建筑地坪的边界，如图 17-19 所示。

图 17-19

⑨ 在"属性"面板中设置建筑地坪的标高，如图 17-20 所示。单击"完成编辑模式"命令 ✔，其效果如图 17-21 所示。

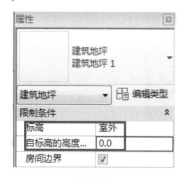

| 图 17-20 | 图 17-21 |

⑩ 继续使用"建筑地坪"命令来创建其他的场地构件。进入"室外"平面视图，单击"建筑地坪"命令，进入"创建建筑地坪边界"界面，在"绘制"面板中选择"拾取线"，如图 17-22 所示。

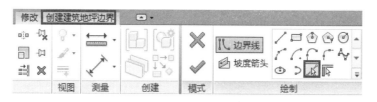

图 17-22

⑪ 在"属性"面板中，设置"自标高的高度偏移"为"-250"，参照 CAD 图纸开始绘制右上角构件边界，如图 17-23 所示。点击"完成编辑模式" ✔ 命令，完成构件的创建，如图 17-24 所示。

| 图 17-23 | 图 17-24 |

⑫ 同理，参照 CAD 图纸绘制中间的一个场地构件，继续选择"建筑地坪"命令，设置建筑地坪"自标高的高度偏移"为"1750"，绘制如图 17-25 所示边界，然后单击"完成编辑模式"按钮 ✔，完成构件的创建，如图 17-26 所示。

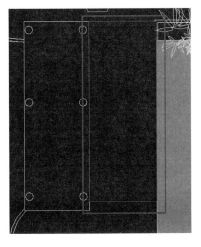

图 17-25 图 17-26

17.3 创建道路系统

创建道路同样要用到"建筑地坪"命令，建筑地坪可以定义结构和深度；在绘制地坪时，可以指定一个值来控制其标高的高度，还可以指定其他属性；可以通过在建筑地坪的周长之内绘制闭合环来定义地坪中的洞口，还可以为该建筑地坪定义坡度。

① 单击"体量和场地"选项卡，在"场地建模"面板中选择"建筑地坪"命令，然后在"绘制"面板中选择"拾取线"，如图 17-27 所示，参照 CAD 图纸绘制如图 17-28 所示轮廓，单击"完成编辑模式" ✔，完成道路的创建。

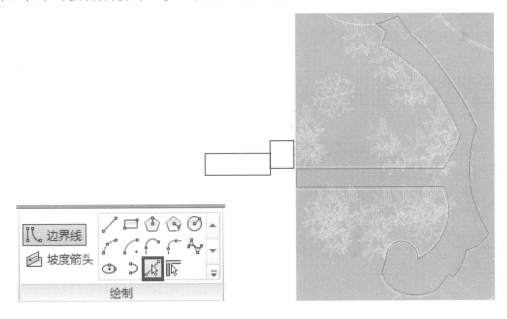

图 17-27 图 17-28

② 接下来为道路设置材质参数。单击选中道路，在"属性"面板中设置"自标高的高度偏移"为 0，点击"编辑属性"按钮，打开"类型属性"对话框，点击"复制"创建一种新的"建筑地坪"类型，名称为"道路"，如图 17-29 所示。

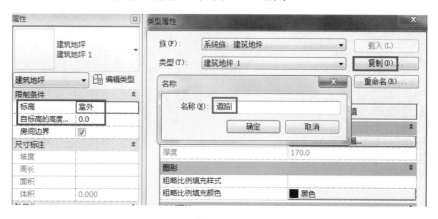

图 17-29

注：此时如不重新创建一个建筑地坪类型，编辑的材质会影响到视图中所有建筑地坪的材质。

③ 在"类型属性"对话框中选择"构造"后面的"编辑"按钮，对其路面材质进行编辑，如图 17-30 所示，三次"确定"完成材质的编辑，如图 17-31 所示。

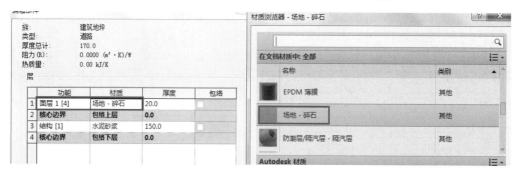

图 17-30

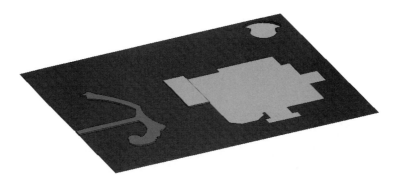

图 17-31

第18章　场地构件的创建

建筑地坪与子
面域的区别

💡 学习目标

① 初步了解场地构件的基本组成部分。
② 掌握子面域命令的应用，并对前两章中涉及的命令在本章中进一步加强。

18.1 创建硬质铺装

① 点击"体量和场地"选项卡，选择"修改场地"面板中的"子面域"命令，如图 18-1 所示。在"绘制"面板中选择"拾取线"命令，参照 CAD 图纸绘制如图 18-2 所示轮廓。

图 18-1

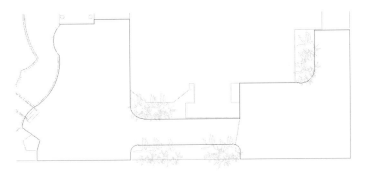

图 18-2

② 单击"完成编辑模式"按钮 ✔，完成"硬质装饰场地"的绘制，如图 18-3 所示。

③ 同理用"子面域"命令，参照 CAD 图纸绘制剩余的"硬质装饰道路"，如图 18-4 所示（注：用"子面域"创建场地构件一定要注意轮廓必须是一个闭合的轮廓，所以在用"子

面域"创建如下这些"硬质装饰道路"时，必须一个一个地绘制，不可以一下绘制完成）。

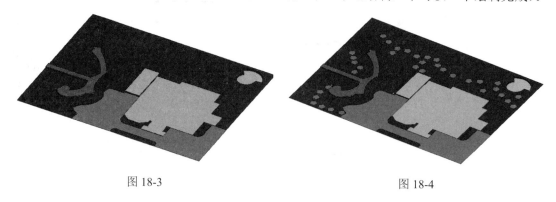

图 18-3   图 18-4

18.2 创建水池

要想使建筑周边环境更加丰富生动，水体的设计必不可少。在这里，水体的创建用"建筑地坪"命令。

① 为了方便绘制水体，首先绘制水池边沿的"路缘石"（路缘石的族文件采用基本墙进行编辑与绘制）。在"建筑"面板中选择"墙"命令，选择建筑墙"基本墙：常规-200mm"，通过"复制"创建新的族文件，命名为"场地路缘石"，材质设置为"水泥砂浆"，厚度改为"100"，如图 18-5 所示。"路缘石"的族文件绘制完成。

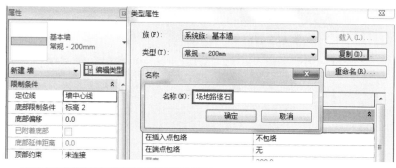

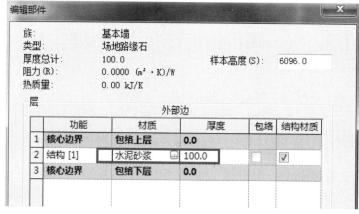

图 18-5

② 在"属性"面板中调整"场地路缘石"的限制条件，如图 18-6 所示。

图 18-6

③ 参照 CAD 图纸绘制图纸中所有的"路缘石"，绘制时可选用"拾取线"命令，后期用"对齐" 或者"移动" 命令调整墙体位置和 CAD 对应，绘制完成如图 18-7 所示。

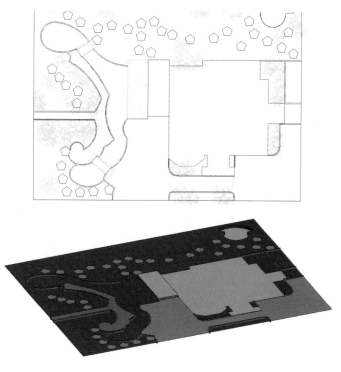

图 18-7

④ 开始绘制水域。单击"体量和场地"选项卡，在"场地建模"面板中选择"建筑地坪"命令，在"绘制"面板中选择"拾取线"，参照 CAD 图纸绘制如图 18-8 所示水池的轮廓，然后用"修剪"命令 闭合轮廓。

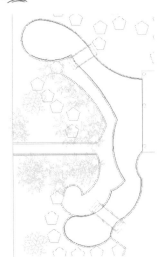

图 18-8

⑤ 在"属性"面板中点击"编辑类型"按钮，弹出"类型属性"对话框，点击"复制"创建一种新的"建筑地坪"类型，名称为"场地-水域"，如图 18-9 所示。

图 18-9

⑥ 点击"结构"后面的"编辑"按钮，打开"编辑部件"对话框，设置如图 18-10 所示参数。

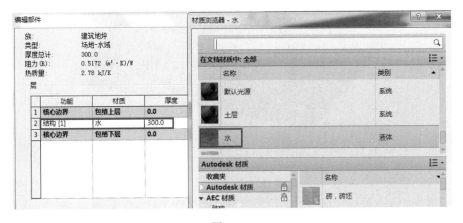

图 18-10

⑦ 点击"完成编辑模式"按钮 ✔，完成水域的绘制，完成如图 18-11 所示。

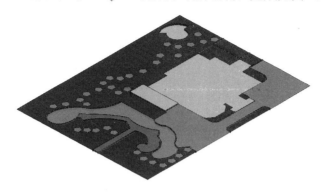

图 18-11

18.3 创建木质地板

① 单击"建筑"选项卡，"构建"面板中选择"楼板"命令，如图 18-12 所示。

图 18-12

② 进入"创建楼板边界"界面，在"属性"面板中选择楼板类型为"常规-300"，"自标高的高度偏移"为"300"，单击"编辑类型"按钮，在"类型属性"对话框中点击"结构"后面的"编辑"按钮，设置面层材质为"樱桃木"，如图 18-13 所示。

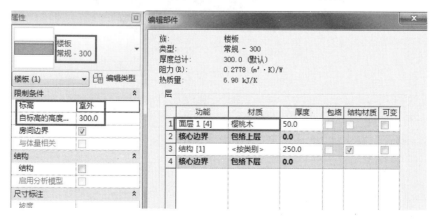

图 18-13

③ 在"绘制"面板中选择"直线",参照 CAD 图纸绘制如图 18-14 所示楼板边界。点击"完成编辑模式"命令 ✅,完成木质地板的创建,如图 18-15 所示。

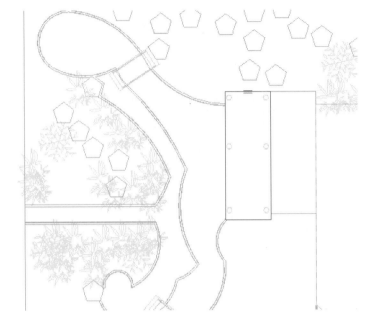

图 18-14

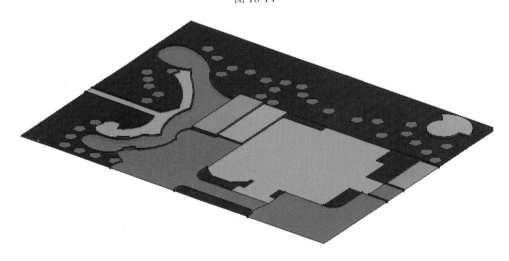

图 18-15

④ 为了达到实际中所需要的效果,需要为其添加几个木桩,使其更加完美、真实。

单击打开"建筑"菜单栏,在"构建"面板中选择"柱-结构柱",在"属性"面板中选择柱类型为"钢管混凝土柱-圆形-标准",在选项栏中修改柱的放置方式为"高度","未连接"为 600,如图 18-16 所示。

| 修改 \| 放置 结构柱 | ☐ 放置后旋转 | 高度: ▾ | 未连接 ▾ | 600.0 |

图 18-16

⑤ 参照 CAD 放置到合适的位置，如图 18-17 所示。完成效果如图 18-18 所示。

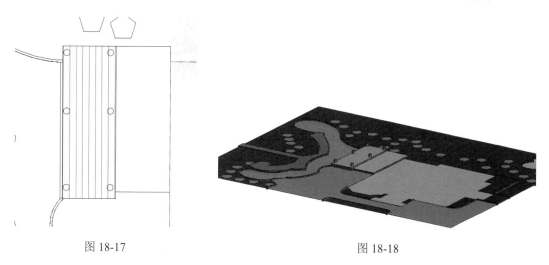

图 18-17　　　　　　　　　　　　　　　　　图 18-18

18.4　创建场地构件

在此场景中，有部分场景构件需要自己创建，以更符合此场景中的要求（如桥、水面木架、凉亭台等）。

① 创建桥。在菜单栏中单击"建筑"，"构建"面板中选择"楼板-建筑楼板"，如图 18-19 所示。

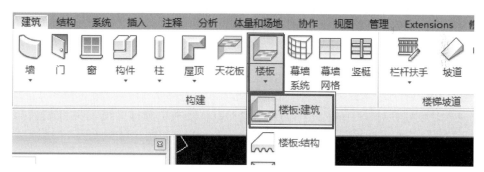

图 18-19

② 进入"创建楼板边界"界面，在"绘制"面板中选择"直线"。在"属性"面板中选择楼板类型为"常规-150mm-实心"，"自标高的高度偏移"为"400"，如图 18-20 所示，参照 CAD 绘制如图 18-21 所示楼板边界，点击"完成编辑模式"按钮完成楼板的创建。

③ 之前创建的"场地-路缘石"其属性为墙体，可以让其附着到楼板下，以作为桥支座，选择楼板两边的墙体，在"修改|墙体"面板中选择"附着顶部/底部"命令，拾取楼板附着到楼板上，其效果如图 18-22 所示。

④ 进一步完善桥的创建。进入三维视图，点击"建筑"面板，"构建"面板中选择"楼板边缘"，拾取楼板的上边缘创建台阶，其效果如图 18-23 所示。

图 18-20

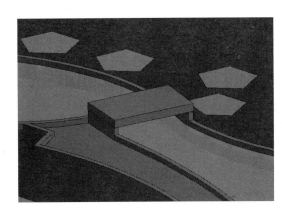   图 18-21

图 18-22   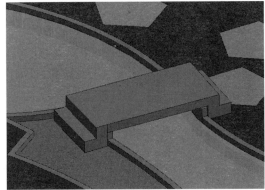

图 18-22   图 18-23

⑤ 创建桥面扶手。进入"室外"平面视图，在"建筑"面板中选择"栏杆扶手-绘制路径"，如图 18-24 所示。

⑥ 进入"创建栏杆扶手路径"界面，在"绘制"面板中选择"线"，在"属性"面板中选择栏杆类型为"900mm 圆管"，"底部偏移"为"400"，如图 18-25 所示，参照 CAD 图纸在楼板边缘绘制栏杆扶手，如图 18-26 所示。

   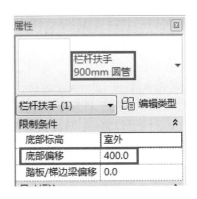

图 18-24   图 18-25

⑦ 同样方法绘制 CAD 图纸中另一座桥，创建完成如图 18-27 所示。

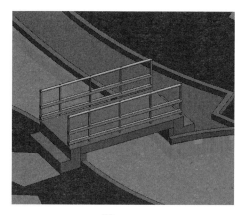

图 18-26

图 18-27

18.5 布置场地构件

① 进入"室外"平面视图，单击"体量和场地"，在"场地建模"面板中选择"场地构件"命令，如图 18-28 所示。

② 在"模式"面板中点击"载入族"按钮，如图 18-29 所示，弹出"载入族"对话框，在"Architecture"默认族库中找到"植物"-"3D"-"草本"-"草 3 3D.rfa"，如图 18-30 所示，最后单击"打开"把所需要的族载入到项目中。同理找到"植物"-"3D"-"灌木"-"灌木 4 3D.rfa"，单击"打开"将族载入到项目中。

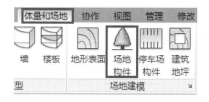

图 18-28

图 18-29

图 18-30

③ 载入族后，开始向场地中布置构件。在"实例属性"的"类型选择器"中选择自己需要的场地构件，如图 18-31 所示，设置"标高"为"室外"。

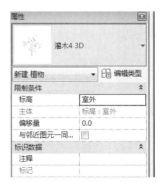

图 18-31

④ 至此，完成所有场地构件的布置，如图 18-32 所示。

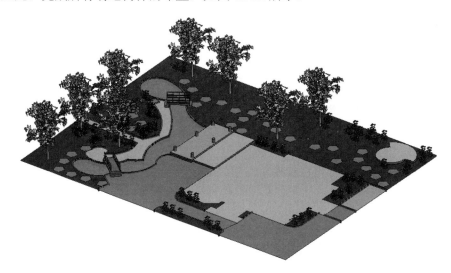

图 18-32

第19章 族与概念体量的实例的创建

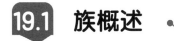 学习目标

① 了解族的基本概念与分类。
② 掌握不同类型族的绘制方法。

族插入点设置

19.1 族概述

19.1.1 族的基本概念

前面的一些章节中已经讲到了一部分族的使用，在 Revit Architecture 中，基本上所有图元都是基于族的。"族"是 Revit 中使用的一个功能强大的概念，有助于使用者轻松地管理数据和进行修改。

每个族图元能够在其内定义多种类型，根据族创建者的设计，每种类型可以具有不同的尺寸、形状、材质设置或其他参数变量。使用 Revit Architecture 的一个优点是不必学习复杂的编程语言，便能够创建自己的 Revit Architecture 构件族。使用族编辑器，整个族创建过程在预定义的样板中执行，可以根据用户的需要在族中加入各种参数。

族可以是二维族或三维族，但并非所有族都是参数化族。例如，墙、门窗基本都是三维参数化族；卫浴装置有三维族和二维族，在软件中本身携带了一部分，但对于一些特殊的，需要我们自己来创建，可根据项目实际情况进行合理规划三维、二维以及是否需要参数化。

19.1.2 族的分类

Revit Architecture 的族可以分为以下三类。

系统族：系统族是在 Revit Architecture 中预定义的族，包含基本建筑构件，例如前面几章中讲到的墙、楼板、屋顶、楼梯、坡道等需要在项目中绘制的基本图元，以及标高、轴网、图纸、尺寸标注样式等能够影响项目环境的系统设置图元都属于系统族。

可载入族：与系统族不同，可载入族是在外部 RFA 文件中创建的，并可导入（载入）到项目中。可载入族是用于创建下列构件的族，例如窗、门、橱柜、装置、家具和植物锅炉、热水器、空气处理设备和卫浴装置等装置。

由于它们具有高度可自定义的特征，因此可载入的族是 Revit Architecture 中最经常创建和修改的族。对于包含许多类型的族，可以创建和使用类型目录，以便仅载入项目所需的类型。

创建可载入族时，首先使用软件中提供的样板，该样板要包含所要创建的族的相关信息。先绘制族的几何图形，使用参数建立族构件之间的关系，创建其包含的变体或族类型，确定其在不同视图中的可见性和详细程度。完成族后，先在示例项目中对其进行测试，然后使用它在项目中创建图元。

Revit Architecture 中包含一个内容库，可以用来访问软件提供的可载入族，也可以在其中保存创建的族。也可以从网上的各种资源获得可载入族。

内建族：内建族是创建当前项目专有的独特构件时所创建的独特图元。可以创建内建几何图形，使其在所参照的几何图形发生变化时进行相应大小调整和其他调整。

内建族可以是特定项目中的模型构件，也可以是注释构件。只能在当前项目中创建内建族，因此它们仅可用于该项目特定的对象，例如自定义墙的处理。创建内建族时，可以选择类别，且使用的类别将决定构件在项目中的外观和显示控制。

19.2 族实例的创建

19.2.1 门族的创建

下面以一个双开门族为例，介绍具体创建过程，如图 19-1 所示。

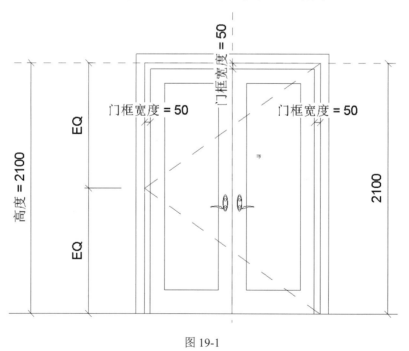

图 19-1

（1）族样本文件的设置

单击应用程序菜单下拉按钮，选择"新建"→"族"命令，如图 19-2 所示。

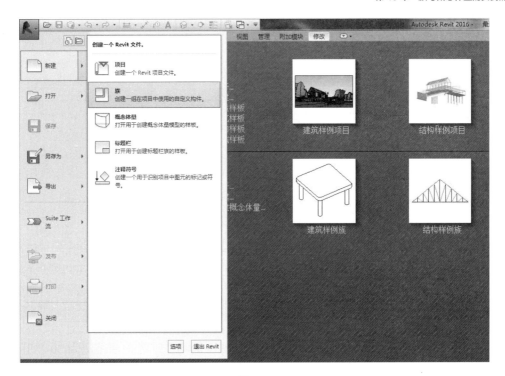

图 19-2

弹出"新族-选择样板文件"对话框，选择"公制门"选项，单击"打开"按钮，如图 19-3 所示。

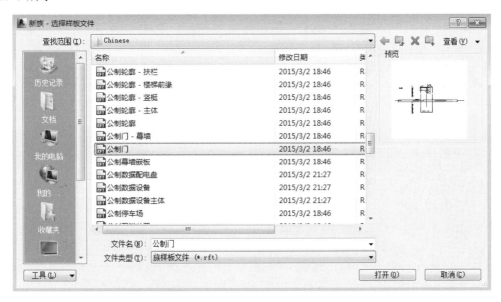

图 19-3

（2）定义参照平面与内墙的参数，以控制门在墙体中的位置

选择"创建"选项卡→"基准"面板→"参照平面"命令。绘制水平参照平面，距离中心线为"25"，如图 19-4 所示，在新建的参照平面的"属性"对话框中将新建的参照平面命名为"新中心"，如图 19-5 所示。

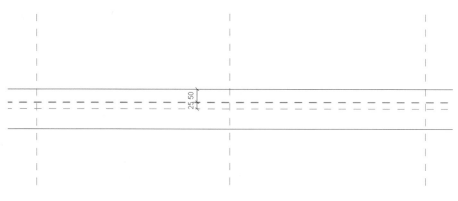

图 19-4

图 19-5

注：单击参照平面，在"属性"对话框中"名称"一栏可以输入或者修改参照平面的名称，在设置参照平面中可以快速地选取。但是为了减少使用者的工作量，仅仅对于重要的参照平面的名称进行自定义。

选择"注释"选项卡→"尺寸标注"面板→"对齐"命令，参照平面"新中心"与中心线距离为 25，与内墙距离为 50，如图 19-5 所示。

单击 50 尺寸，选项栏被激活，在"标签"下拉列单中选择"添加参数"，如图 19-6 所示。弹出"参数属性"对话框，在"参数类型中"选择"族参数"，在"参数数据"下的"名称"下输入"窗户中心距内墙距离"，并设置其"参数分组方式"为"尺寸标注"，选择"实例"，点击按钮"确定"，如图 19-7 所示，以完成参数的添加。可调节距离以验证参数添加是否正确。

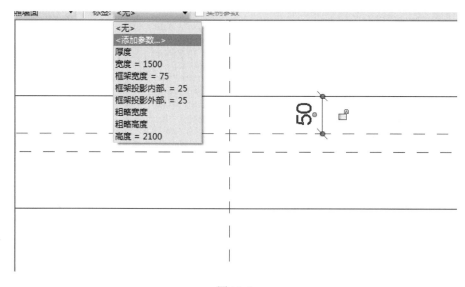

图 19-6

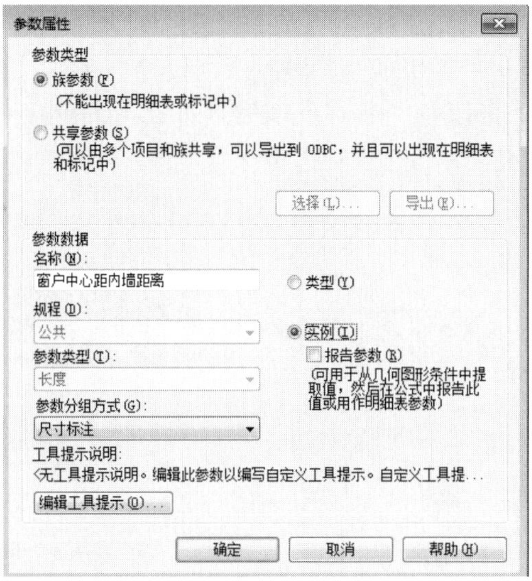

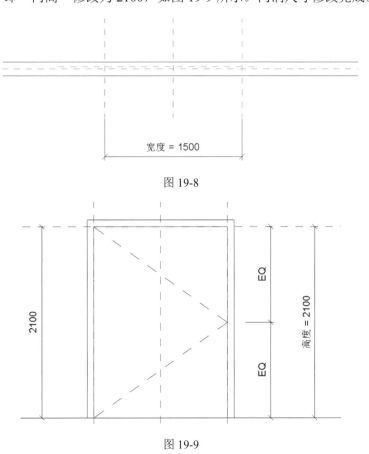

图 19-7

注：将参数设置为"实例"参数，能够分别控制同一类窗在结构厚度不同的墙中的位置。

在"项目浏览器"中单击"楼层平面"→"参照标高"，进入平面视图，对"宽度"即"门宽"修改为 1500，如图 19-8 所示。在"项目浏览器"单击"立面"→"内部"，双击尺寸标注"高度"即"门高"修改为 2100，如图 19-9 所示。门洞尺寸修改完成。

图 19-8

图 19-9

（3）设置工作平面

选择"创建"选项卡→"工作平面"面板→"设置"命令，弹出"工作平面对话框"。在"指定新的工作平面下"选择"名称"按钮，并在其右侧下拉菜单中选择"新中心"，如图 19-10 所示，点击确定，弹出"转到视图"对话框。选择"立面：外部"，如图 19-11 所示，点击打开视图。

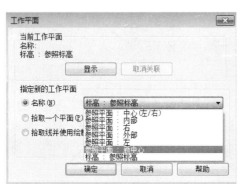

图 19-10

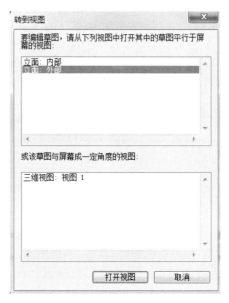

图 19-11

（4）创建实心拉伸

选择"创建"选项卡→"形状"面板→"拉伸"命令，选择"绘制"面板中的▭按钮，绘制矩形框轮廓，并且与相关参照平面进行锁定，单击"模式"面板上的✔按钮，完成拉伸路径的绘制，如图 19-12 所示。

重复使用上述"拉伸"命令，并在选项栏中设置偏移量为-50，利用修剪命令编辑轮廓，完成如图 19-13 所示的轮廓绘制与编辑。

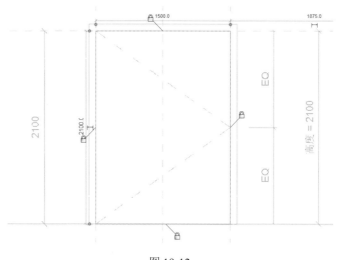

图 19-12

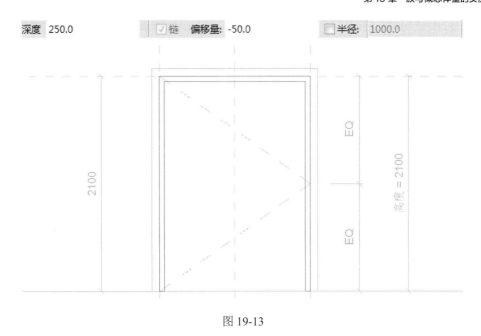

图 19-13

（5）添加门框厚度参数并进行测试

此时，现在的门框宽度是一个 50 的定值，并没有为门框添加参数，可以参照步骤 2 定义参照平面与内墙的参数的方式为窗框添加宽度参数，如图 19-14 所示，方法与添加"窗户中心距内墙距离"参数相同。

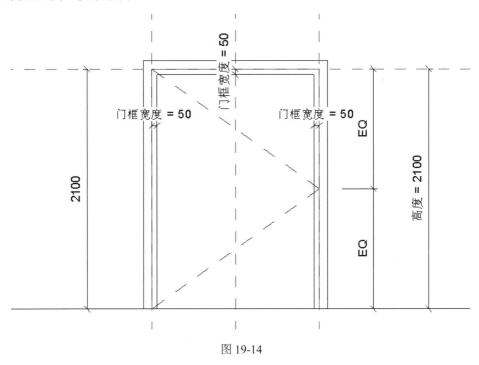

图 19-14

在属性面板上设置拉伸起点、拉伸终点分别为-100，50，并添加门框材质参数，完成拉伸，具体内容如图 19-15 所示。

图 19-15

选择进入"参照平面视图",如图 19-16 所示,对其门框宽度尺寸进行测试。

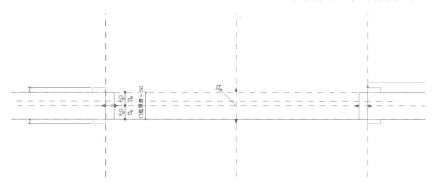

图 19-16

选择"创建"面板→"属性"面板→"族类型"工具,测试高度、宽度、门框宽度和窗户中心距内墙距离参数值,点击确定,如图 19-17 所示。完成后将文件保存为"平开门.rfa"。

图 19-17

（6）创建平开门门扇

单击"应用菜单栏"下拉列表框中"打开-族"选项，选择已保存的"平开门.rfa"，

单击"确定"按钮；或者双击"平开门.rfa"，打开"平开门"族文件。

选择"项目浏览器"中"立面"→"内部"命令，进入立面视图。选择"创建"选项卡→"形状"面板→"拉伸"命令，单击"绘制"面板中的□按钮绘制矩形框轮廓，并将四边进行锁定，如图 19-18 所示。

重复使用上述"拉伸"命令，并在选项栏中设置偏移值为-120，将底部间距调整为 200（为了方便调整，也可以画一个距离底部为 200 的参照平面），如图 19-19 所示。

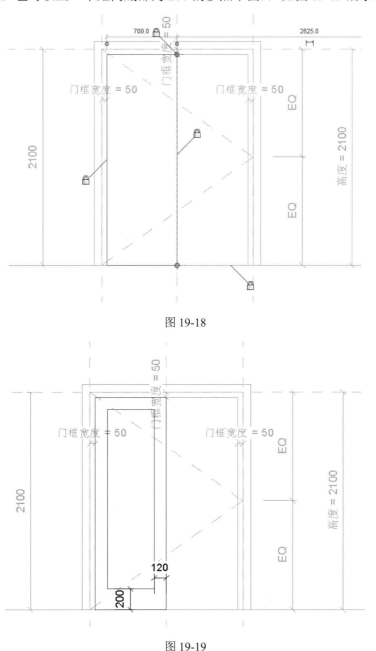

图 19-18

图 19-19

在属性面板上设置拉伸起点，终点分别为-25，25，并添加门扇材质参数，单击"模式"面板上的 ✔ 按钮，完成拉伸。

注：此时并没有为门扇添加门扇参数，现在的门扇宽度是一个50的定值，可以通过标注尺寸添加参数的方式为门扇添加宽度参数，方法与添加"窗户中心距内墙距离"参数相同。

（7）创建门扇嵌板

切换至"外部"立面视图，添加四条参照平面，分别与门扇内侧左右上侧距离为 120，与下侧距离为 200，如图 19-20 所示。

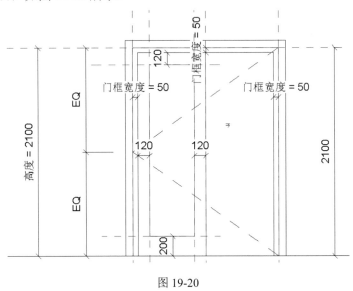

图 19-20

选择"创建"选项卡→"形状"面板→"拉伸"命令，单击"绘制"面板中 按钮，绘制矩形框轮廓与门框内边四边锁定。重复使用上述"拉伸"命令，并在选项栏中设置偏移值为-16，如图 19-21 所示。

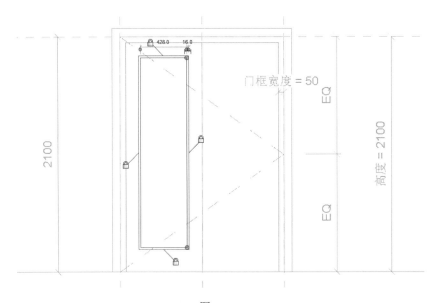

图 19-21

　　为了对门扇内部进行分割，在"外部"立面视图中继续绘制参照平面，其间距如图 19-22 所示。

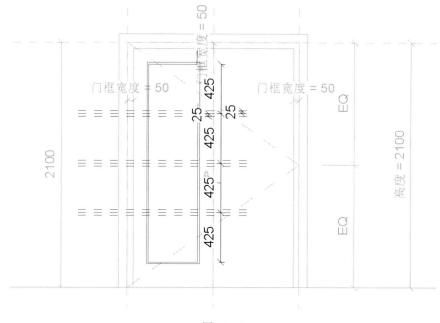

图 19-22

　　继续选择"创建"选项卡→"形状"面板→"拉伸"命令，单击"绘制"面板中 □ 按钮，绘制内部框轮廓，并利用修剪命令编辑其轮廓，如图 19-23 所示。

　　在属性面板上设置拉伸起点、拉伸终点分别为-20，20，并添加门扇嵌板材质参数，单击"模式"面板上的 ✔ 按钮，完成拉伸。

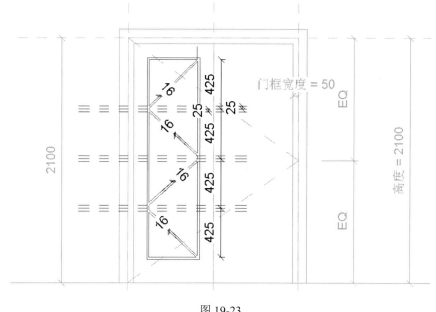

图 19-23

（8）创建玻璃嵌板

选择"创建"选项卡→"形状"面板→"拉伸"命令，单击"绘制"面板中 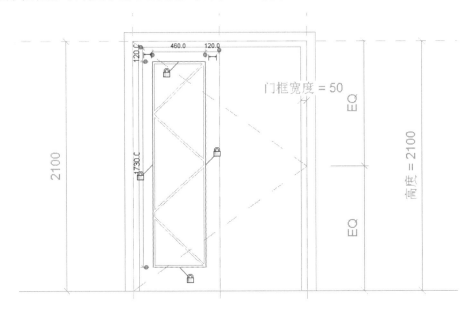 按钮，绘制矩形框轮廓与门框内边四边锁定，如图 19-24 所示。

图 19-24

注：保证此时的工作平面为参考平面"新中心"。

设置玻璃的拉伸终点为-20，拉伸起点-25，设置玻璃的可见性\图形替换，添加玻璃材质，如图 19-25 所示，单击"模式"面板上的 ✔ 按钮，完成拉伸。

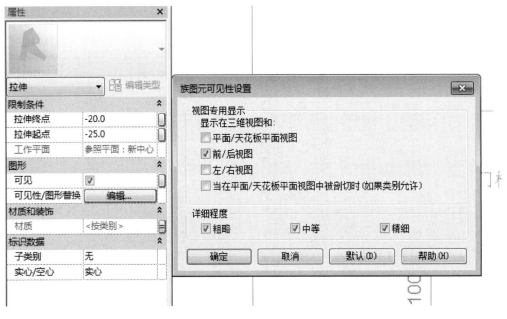

图 19-25

（9）创建把手嵌套族

选择"插入"选项卡→"在库中载入"面板→"载入族"命令。载入门构件"门锁"，如图 19-26 所示。

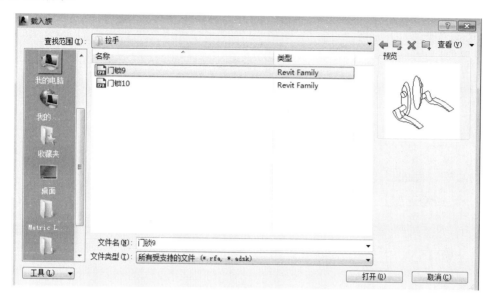

图 19-26

进入"参照标高平面"，选择"常用"选项卡→"模型"面板→"构件"命令，放置门锁，并设置偏移量为 900，如图 19-27 所示。

重复以上步骤，完成右侧门扇、与玻璃的嵌板的绘制。

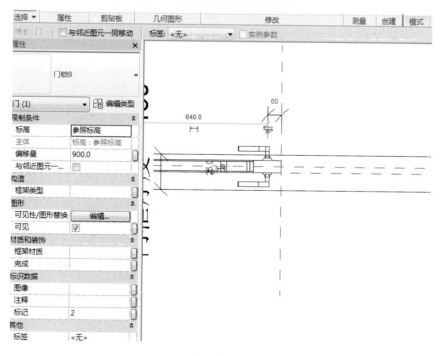

图 19-27

（10）设置平开门的二维表达

进入"参照标高平面"，单击尺寸，新建参数"门扇宽度"，并进行关联。在参数"门扇宽度"公式栏内输入 700，用于定义圆弧开启线半径。

单击"注释"选项卡→"详图"面板→"符号线"命令，在"子类别"面板中，下拉倒三角，选择"平面打开方向［截面］"，如图 19-28 所示。选择绘制面板中的 🔲 弧线命令，进行平开门的开启方向绘制，如图 19-29 所示。

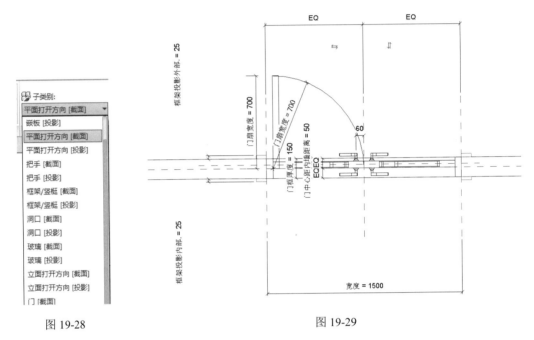

图 19-28   图 19-29

对一侧平开门开启方向进行镜像，完成平面表达，如图 19-30 所示。完成后继续将文件保存为"平开门.rfa"。

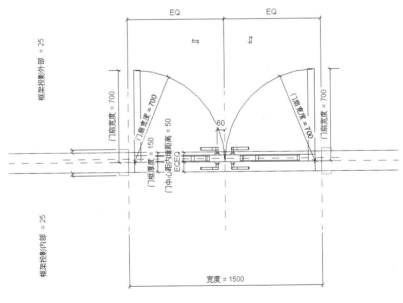

图 19-30

19.2.2 建筑部品族的创建

下面以一个"螺栓"族为例，介绍具体创建过程，如图 19-31 所示。

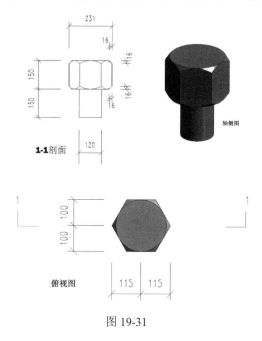

图 19-31

（1）族样板文件的设置

单击应用程序菜单下拉按钮 ，选择"新建"→"族"命令，如图 19-32 所示。

图 19-32

弹出 "新族-选择样板文件"对话框，选择"公制常规模型.rft"，如图 19-33 所示，点击"打开"按钮。

223

图 19-33

（2）"螺栓"上半部分的绘制

选择"项目浏览器"→"楼层平面"→"参照标高"，进入参照平面视图。

选择"创建"→"形状"→"拉伸"命令，选择"绘制"面板下"外接多边形"命令，设置"深度"150，设置"边"6，勾选"半径"，设置半径120，绘制边界，如图 19-34 所示，单击"模式"面板上的 ✔ 按钮，完成拉伸。

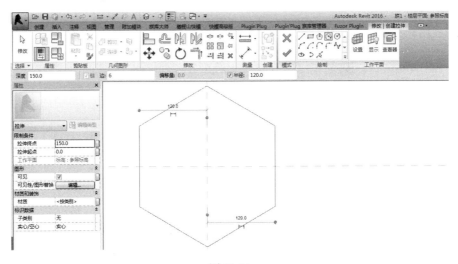

图 19-34

选择"项目浏览器"→"立面"→"右"，进入右立面视图，绘制两条参照平面，距离螺栓上面为16，右侧面线为16。

选择"创建"→"形状"→"空心形状"→"空心旋转"→"边界线"→"直线"命令，绘制空心形状轮廓，如图 19-35 所示；单击"绘制"→"轴线"→"拾取线"命令，如图 19-36 所示，绘制螺栓中心线，选择螺栓中心线，单击"模式"面板上的 ✔ 按钮，完成螺栓上部分的空心形状的切割，如图 19-37 所示。

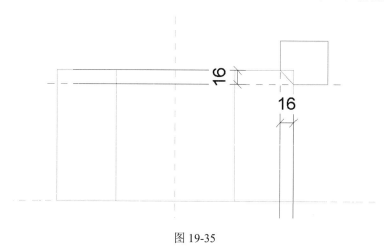

图 19-35

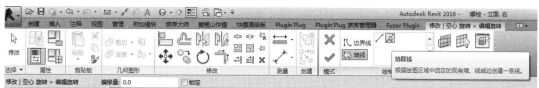

图 19-36

注：绘制两条参照平面的目的在于定位斜线的位置，若不能准确定位，剪切出来的形状是不正确的，除斜线外，轮廓线可随意绘制，但是轮廓需要是一个闭合图形。

重复上述的操作，在底部绘制一样的空心形状，完成空心形状的切割，如图 19-38 所示。

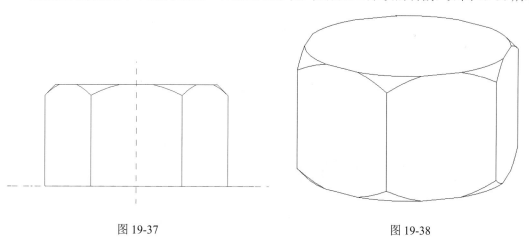

图 19-37　　　　　　　　　　　　　　　　　图 19-38

（3）"螺栓"下半部分的绘制

选择"项目浏览器"→"楼层平面"→"参照标高"，进入参照平面视图。

选择"创建"→"形状"→"拉伸"命令，选择"绘制"面板下"圆"命令，设置其"深度"150，勾选"半径"，设置"半径"为 60，在属性栏中设置拉伸起点-150，拉伸终点 0，绘制边界，如图 19-39 所示，单击"模式"面板上的 ✔ 按钮，完成拉伸，如图 19-40 所示。

将文件另存为"族"，命名为"螺栓"保存。

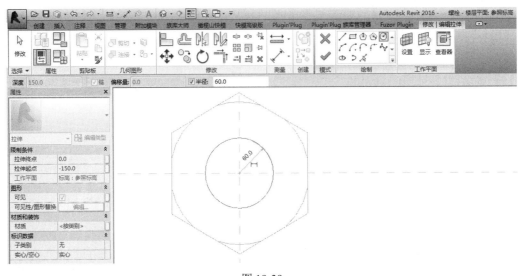

图 19-39

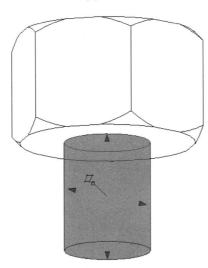

图 19-40

19.3 概念体量模型创建

下面以一个"体量大厦"为例,介绍具体体量的创建过程,如图 19-41 所示。

其要求具体如下:创建一个参数化模型,名称为"体量大厦"。其中材质为"塑料,不透明的白色"。将体量载入到项目中,创建幕墙系统,类型网格 1 为固定距离 3000,网格 2 为固定距离 2000,竖梃为矩形竖梃:50×150mm。创建基本墙,常规-200mm。创建楼板,常规-150mm,共 30 层,层高 4m。

(1) 体量样板文件设置

单击应用程序菜单下拉按钮![icon],选择"新建"→"概念体量"命令,如图 19-42 所示。

弹出"新概念体量-选择样板文件"对话框,如图 19-43 所示。选择"公制体量.rft",单击"打开"。

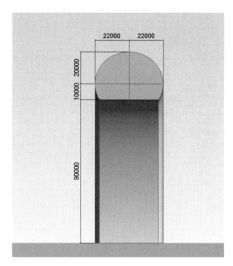 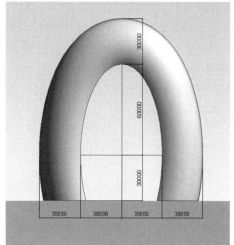

图 19-41

图 19-42

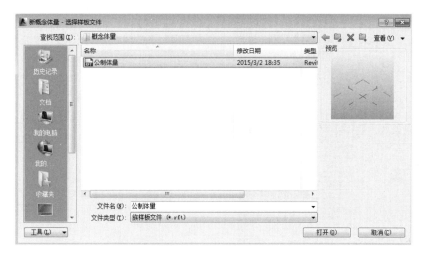

图 19-43

（2）创建"大厦"形状

选择"项目浏览器"→"楼层平面"→"标高 1"，进入平面视图。

选择"创建"选项卡→"绘制"面板→"椭圆 ⌖"命令，绘制轮廓一个椭圆，长半轴为22000，短半轴为2000，如图 19-44 所示。

选择"创建"选项卡→"绘制"面板→"直线"命令，在椭圆右侧绘制一条直线，距离椭圆的长半轴为 10000。

选择"创建"选项卡→"修改"面板→"修剪 ┲╃"命令，把椭圆修剪为如图 19-45 所示。

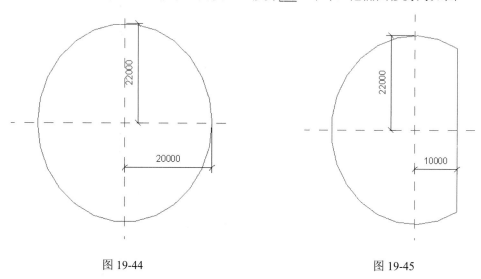

图 19-44   图 19-45

选择"项目浏览器"→"立面"→"南"，进入到南立面视图。

选择"创建"选项卡→"绘制"面板→"椭圆 ⌖"命令，绘制轮廓一个椭圆，长半轴为90000，短半轴为60000，如图 19-46 所示。

选择"创建"选项卡→"修改"面板→"移动 ✛"命令，将被剪切的小椭圆左边线移动到大椭圆的左边线相切的位置，如图 19-47 所示。

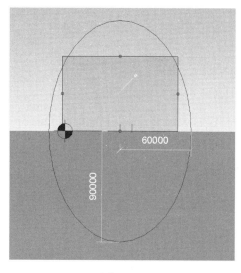

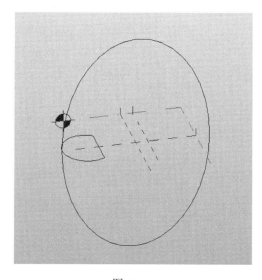

图 19-46   图 19-47

把视图切换到三维视图中，选中被剪切的小椭圆轮廓，再按 Ctrl 键加选大椭圆作为路径，点击 创建形状 右侧的小黑三角号，出现下拉菜单，选择 实心形状 命令，如图 19-48 所示。

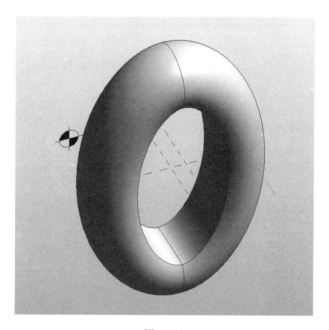

图 19-48

把视图切换到南立面，选择"创建"选项卡→"绘制"面板→" 参照"命令，绘制距离椭圆短半轴为 3000 的参照线，如图 19-49 所示。

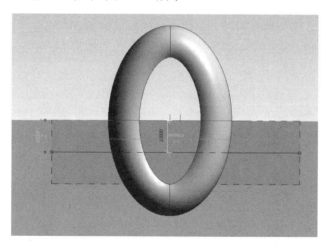

图 19-49

把视图切换到标高 1 平面视图，选择"创建"选项卡→"绘制"面板→" 模型"→"矩形 "命令，绘制矩形轮廓，如图 19-50 所示。

选中刚刚绘制的矩形轮廓，选择"创建形状"面板下→"空心形状"命令，如图 19-51，图 19-52 所示。

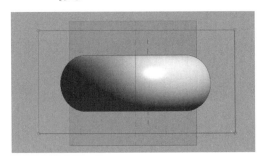

图 19-50

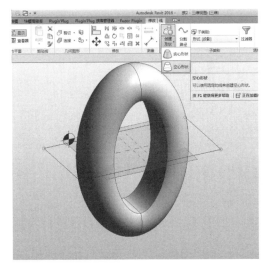

图 19-51

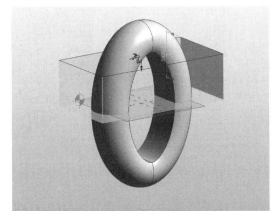

图 19-52

把视图切换到南立面，按 Tab 键，选中空心体量的下表面，拖拽三维箭头调整到椭圆下方的位置；再按 Tab 键，选中空心体量的上表面，拖拽三维箭头，把上表面调整到与参照线对齐，如图 19-53、图 19-54 所示。

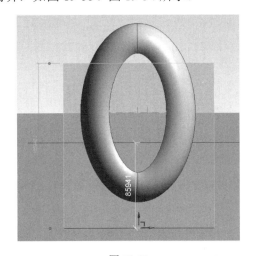

图 19-53

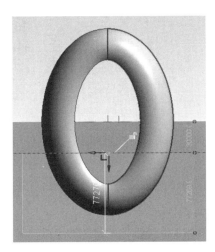

图 19-54

单击视图内任意空白位置，完成体量的剪切，如图 19-55 所示。

点击左上角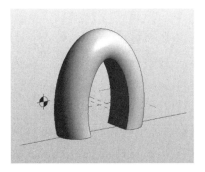，选择"另存为"→"族"命令，将文件命名为"体量大厦"保存。

（3）创建"大厦"楼板

新建一个新的项目，选择"插入"面板→"从库中载入"→"载入族"命令，将刚刚创建的"体量大厦"载入，在载入的过程中若出现如图 19-56 所示的对话框，选择按钮"是"。

图 19-55　　　　　　　　　　　　　　　图 19-56

选择"建筑"→"构建"面板→"　　"→"　　放置构件"命令，选择刚刚载入的"体量大厦"放置在视图中。

若视图中无法看见刚刚放置的体量，并出现如图 19-57 所示警告，使用快捷键"vv"调出"视图可见性"面板，如图 19-58 所示，"可见性"中勾选"　　☑ 体量　　"，单击"应用"、"确定"按钮，此时平面中就可以显示刚刚放置的体量大厦模型。

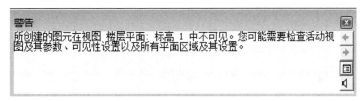

图 19-57

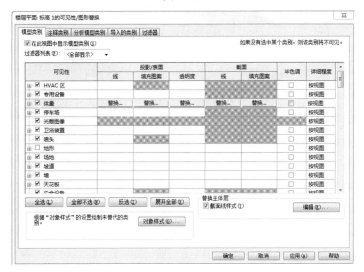

图 19-58

选择"项目浏览器"→"立面"→"南",把视图切换到南立面,绘制标高,依据要求层高4m,共30层,若体量底部不在0标高上,用移动工具将其移动至0标高,如图19-59所示。

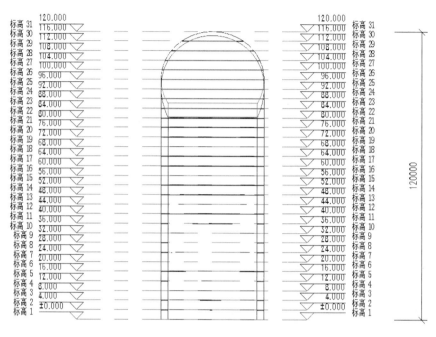

图 19-59

把视图切换到三维视图中,选中"体量大厦",选择"修改/体量"→"模型"→"体量楼层"命令,勾选全部标高,如图19-60所示。

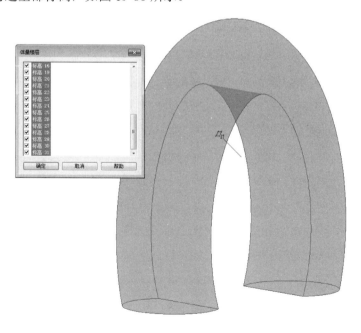

图 19-60

选择"体量和场地"→"面模型"→"楼板"命令,选择"常规-150mm",框选"体量大厦"，单击"创建楼板"命令，完成楼板的创建，如图 19-61 所示。

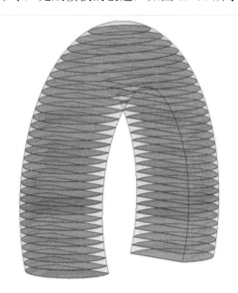

图 19-61

（4）创建"大厦"幕墙

选择"体量和场地"→"面模型"→"墙"命令，单击"体量大厦"的两个内立面，完成墙体的创建。

选择"体量和场地"→"面模型"→"幕墙系统"命令，属性栏中选择类型为"1500×300"，"网格 1"中间距为 3000，"网格 2"中间距为 1500，"网格 1 竖梃"→"内部类型"选择"矩形竖梃：50×150mm"，"网格 2 竖梃"同"网格 1 竖梃"，如图 19-62 所示。单击"体量大厦"的两个外立面，点击"创建系统"命令，完成幕墙的创建，如图 19-63 所示。

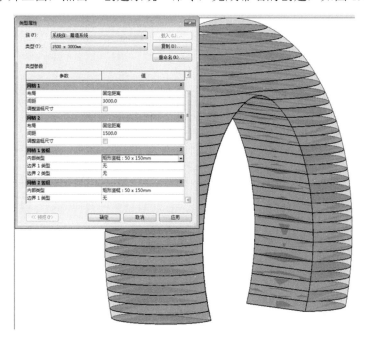

图 19-62

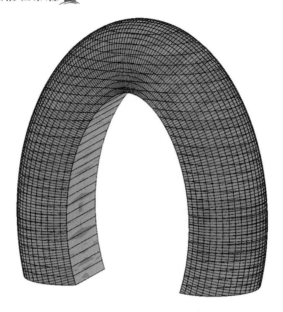

图 19-63

将文件另存为"项目"，命名为"体量大厦"保存。

参考文献

［1］柏慕中国．Autodesk Revit Architecture 2012 官方标准教程．北京：电子工业出版社，2012.

［2］Autodesk Asia Pte Ltd．Autodesk Revit 2012 族．上海：同济大学出版社，2012.